U0184613

风险偏好、
风险感知
与转基因接受度研究

赵莉　古晓龙　顾海英　刘淑敏　著

Research on
Risk Preference, Risk Perception and
Transgenic Acceptance

格致出版社　上海人民出版社

本书由
上海交通大学中国都市圈发展与管理研究中心
上海市人民政府决策咨询研究基地顾海英工作室
筹划资助

前　言

转基因技术主要是指通过 DNA 重组等技术手段将经过人工分离和修饰后的基因转移至具有特异性的生物体基因组中,通过对外源基因的稳定遗传和表达,使得生物体在细胞中产生各种可以预期、定向遗传的改变,以达到生命品种的创新和遗传优化改良的主要目的(胡慧宇,2020)。换言之,就是通过采用自然界或机器学习等人工方法将一种微生物的、具有已知作用的功能基因直接转移到另一种微生物体内"安家落户",使该微生物体在未来几年内获得更多人们期待的新功能。此外,除了转入新的外源基因,利用转基因技术还有助于在特定时间内对生物体基因组中原有的某个基因进行表达、删除或突变,以便达到改变其在生物体内部的遗传学性状的主要目的。

转基因技术的研究与应用备受中国政府重视。2006年,转基因生物新品种的培育被列入中国科技发展16项重大专项;2008年,国家强调启动基因生物新品种培育这一重大专项;2009年和2010年的中央一号文件均提出要加快推进转基因科技重大专项,培育新品种产业化,其中,2009年,转基因玉米和转基因抗虫水稻已获得中国农业部批准的生产应用安全证书;2011年年底,农业部借助《转基因明白纸》科普转基因技术及产品;2014年的中央一号文件提出加强以分子育种为重点的基础研究和生物技术开发;2015年的中央一号文件指明对于中国农业转基因生物要加强技术研究与科学普及。

随着转基因技术的发展和诞生,转基因食品已成为现在中国农业生产中的重要组成部分,基因工程技术在中国农业、食品等各个领域的研究和应用也越来越广泛,转基因工程技术给我们带来了较大的社会经济效益,转基因食品也引起了全社会的广泛且高度重视。转基因技术是中国现代生物科学发展过程中的核心技术之一。转基因作物已被引入中国多年,该类作物具有较多优良的特性:可增加作物的产量、改善品质、提高抗旱、抗寒等。《科学》杂志指出,转基因抗虫水稻比非转基因水稻产量高出6%,农药使用量减少80%。转基因技术不仅可以使成本大幅下降,还可以降低农药对农民健康的不利影响,而种植的难度和传统作物类似。20 世纪 90 年代,河南和山东的抗虫棉实验取得了巨大的成功,Liu(2013)对这一案例进行了深入讨论。转基因作物的种类主要有大豆、玉米、棉花和油菜。中国已经开展了棉花、水稻、小麦、玉米和大豆等作物的转基因研究,并取得了相应的研究成果,然而,真正进行大规模商业化的品种却并不是很多。创新和改革推动着社会经济的发展,但创新意味着风险,人类似乎对于"改变"有着与生俱来的抗拒。一项优秀技术得不到及时运用会减缓经济增长的速度和质量。本书的研究运用经济学实验,以转基因作物的引进为研究手段,考察生产者的风险偏好及风险感知对转基因技术采纳决策的影响。

虽然转基因作物具有某些优良属性,但是消费者对转基因食品的安全性还存在一定的怀疑。自从世界上第一例转基因食品诞生以来,关于其风险属性的争议就开始了。党的十九大明确提出,要将广大人民群众对于美好生活的热切向往摆到首要地位。教育、医学、食品等都是改善人们群众生活的主要领域,对于增加广大人民群众的获得感也具有重要意义。食品安全问题是人民群众美好生活中的重点组成部分,它直接影响到人们的身体健康与社会发展。而消费者的需求也影响农民的生产活动,故风险规避型的生产者可能会对转基因食品接受程度不高。

本书从消费者和生产者的双重维度剖析风险感知及风

险偏好对转基因接受度的影响,利用里克特量表表示风险感知,用经济学博彩实验测度受试者的风险偏好(即,相对风险厌恶系数)。并采用调查问卷的方式对上海市 500 名消费者,以及山西省和河南省两个农业大省的 244 户农村家庭进行随机调研。调研内容包括个体特征以及对转基因产品的认知和态度。基于此,运用夏普利值分解法和边际效应回归分析方法探索生产者和消费者的风险感知和风险偏好对转基因接受度的影响。

全书共分为 7 章。第一部分包括第 1 章,主要对研究背景、意义和主要内容等进行简单的介绍。第二部分包括第 2 章和第 3 章,其中,第 2 章主要是归纳梳理本书的相关文献,第 3 章介绍本书的相关理论,包含用来衡量风险偏好的基数效用理论和实验经济学方法。第三部分包括第 4 章,介绍本书的数据来源,其中,个体特征和风险感知等数据来自本课题小组设计的调查问卷,风险偏好数据来自本课题小组设计的经济学实验。第五部分包括第 5 章和第 6 章,其中,第 5 章实证分析消费者风险感知及风险偏好对购买意愿的影响,第 6 章实证分析生产者风险感知及风险偏好对转基因技术采纳的影响;第六部分包括第 7 章,给出主要的研究结论以及相应的政策建议。由于作者能力有限,书中研究尚存不足之处,恳请读者赐教,并争取在今后研究中加以改进。

本书的完成,要感谢国家自然科学基金青年科学基金项目"风险社会放大背景下转基因农产品供给者机会主义行为调节及监管研究"(71803132)、"气候变化背景下极端天气对农村居民劳动供给和劳动生产率的影响:作用机理与适应措施"(71903074)和"互联网视角下返乡农民工创业及其对农村多维减贫的传导机制研究"(71803032)的资助,感谢上海海事大学经济与管理学院领导与同事的关心,感谢恩师上海交通大学安泰经济与管理学院顾海英教授的悉心指导,感谢上海海事大学经济与管理学院的硕士生张婧、杨剑萍等的默默付出,感谢在研究过程中给予支持的师长、朋友与家人。

赵　莉

2021 年 7 月于上海海事大学

目　录

第1章 绪 论

1.1 研究背景及意义

　　转基因技术是把一个目的基因转移到一个物种中,或者把这个基因从一个物种中剔除,使其能够在形状、品质等方面满足人类的需求的技术,它可以人为的改造动物或植物的遗传特征和性状。以转基因生物作为食品或者把它当作原材料而制成的食品被叫作转基因食品。随着现代医疗技术的进步与发展,转基因食品行业也得到了迅速的发展。2021年,根据《中国工程生物杂志》关于2019年全球农作物生物技术/转基因农作物商业化种植发展态势报告的数据显示,从1996年起,转基因种植的农作物就已经开始进行商业化的种植。转基因作物的平均种植总面积由1996年的 170 万公顷逐渐扩增至 2019 年的 1.904 亿公顷,种植耕地面积在这 20 多年里累计增长了 112 倍,占目前全球平均耕地总面积的 13% 左右,中国凭借 290 万公顷的平均种植耕地面积位列全球第七。段灿星、孙素丽和朱振东(2020)发现,目前种植最为广泛的转基因作物主要包括大豆、棉花、玉米和油菜四个大类,其他较为常见的作物还有转基因木瓜、番茄、甘蔗、苹果、甜菜、苜蓿和苹果等。

转基因食品虽然具有粮食产量高、抗病虫害、耐腐烂等许多优点,能够有效缓解中国粮食供应的压力,提高农民劳动生产率,对于促进中国现代农业的持续健康发展也具有积极意义。但是,任何一件事物都具有两面性,转基因食品的反对者认为,转基因食品可能具有潜在的危害性和风险,比如可能造成的环境污染、食品安全等诸多问题,进而可能影响整个人类的身体健康和生态环境。人们对于转基因食品的认知程度不仅会影响转基因食品的生产和消费情况,而且可能会影响转基因食品的发展。

目前,由于转基因食品的不确定性,且每个人对于风险的感知和态度大不相同,所以人们对于转基因食品的态度一直存在质疑,这种质疑不仅影响人民群众对相关机构的信任,而且还会阻碍转基因技术的发展。我们需要站在科学的角度上正确地看待转基因食品,对转基因食品进行全面的了解、认识、研究,使得转基因食品能更好地服务和造福大众。因此,了解人们对转基因食品的风险感知和风险偏好,以及风险感知、风险偏好如何影响人们对转基因的接受度就显得尤为重要。

1.2 研究方法

本书以上海市的消费者以及山西省、河南省的生产者为研究对象,通过问卷调研的方式获取人们的个体特征,并通过设计里克特量表问题来获得被调查者的风险感知,设计经济学实验求解受试者的风险偏好。基于此,本书的研究运用夏普利值分解法和边际效用分析方法探索被调查者的个体特征、风险感知、风险偏好等对转基因接受度的影响。

关于问卷调查:本书的研究参考国内外的研究成果,设计了一份符合中国国情的问卷,包含个体特征以及风险感知量表。在正式调研之前,先在小范围内预调研,修改、完善问卷存在的问题,形成一份正式的问卷。

关于里克特量表:里克特量表是为以一种科学认可和有效的方式测量态度而设计的。该量表能够以有效和可靠的方式量化思维、感觉和行为,为此,本书的研究利用里克特量表的方法衡量被调查者的风险感知。

关于经济学实验:经济学实验方法已经成为一种简单而流行的探索风险偏好的方法,如何衡量和分类人们的风险偏好是经济学领域的一个重要问题。

1.3　创新之处

本书的创新主要体现在以下几个方面：

第一，研究方法。在探索被调查者的风险偏好时，本书的研究运用经济学实验方法，设计了博彩实验，借鉴 Holt 和 Laury(2002)的"多重价格表"向消费者提供彩票选项，让他们同时进行选择。该方法避免了依赖买入或卖出框架风险偏好而产生的陷阱，且易于向参与者解释。此外，本书在博彩实验中加入了一个会导致损失的系列，来以此度量生产者在面对 50% 的亏损概率时，是否还能保持和只有正收益时相同的风险偏好选择。

第二，研究对象。设计消费者实验时，本书的研究并没有局限于高校大学生，而是实地走访上海浦东新区、徐汇区、长宁区、宝山区、黄浦区和青浦区等地，调查多种职业的消费者的风险偏好情况；在设计生产者实验时，本书的研究则重点关注两个农业大省山西省和河南省的农村居民，并探索他们的风险偏好情况。

第三，分析方法。本书的研究基于生产者和消费者双维度，运用夏普利值分解法和边际效用分析方法来探索风险偏好这一变量对被调查者转基因接受度的影响。

第 2 章　国内外文献综述

通过梳理国内外有关转基因食品的文献,我们发现大多数研究聚焦于消费者维度,主要从对转基因食品的态度及认知、风险感知和接受度等方面展开。

2.1　消费者对转基因食品的态度及认知

消费者对转基因食品的态度和认知是转基因技术及其在社会中长期应用的重要决定因素,在农业食品领域尤其如此,消费者对转基因食品的态度严重影响转基因作物的商业化种植。在一项对转基因技术态度的分析中,BechLarsen 和 Grunert(2000),以及 Honkanen 和 Verplanken(2004)证实了北欧人口对转基因食品的消极态度。在对波兰消费者进行的一些调查中也得出了同样的结论,他们普遍对转基因有很大的不信任,尤其是可能出现的转基因食品(Szczurowska,2005)。另外,欧盟是对转基因管理最严格的地区之一,任何一种转基因作物的生产都需要经过严格的审批制度。而皮尤研究中心(Pew Research Center)于2015年1月29日报道的最新一项调查结果显示:88%的美国科学家认为食用转基因食品是安全的,作为转基因科学和技术的主要发源地,美国的消费者普遍认为本国的转基因食品质量好于其他国家,美国目前对转基因食品质量的监督和政策相对宽松。Marques等(2015)的研究结果表明,2003—2013年,无论是将转基因植物还是转基因动物当作食物,澳大利亚人都不会觉得"舒服",由此我们可以看出,每个国家对于转基因食品的看法和态度都是不同的,相对来说,欧洲更加抵触,美国相对宽松,澳大利亚及亚洲并不会对转基因食品过于排斥。就国内而言,2002—2003年,黄季焜等(2006)对中国5省11市居民和消费者的问卷调研结果显示,有超过一半的被调查者表示听说过转基因食品,而且这11个城市的被调查者对于转基因食品的接受程度普遍都比较高,能够接受转基因食品的被调查者占比大约为样本总量的57%。齐振宏和周慧(2010)针对武汉当地的消费者群体进行了调研,结果表明,消费者的年龄、性别、受教育程度等个体性特征,及对食品安全意识以及消费习惯偏好与敏感性等显著地影响了消费者对转基因食品的接受程度和购买意愿。总体上看，中国的消费者普遍对转基因食品还不够了解，殷志扬等（2012）在对国内的消费者群体进行了实证调查后，认为国内的消费者普遍缺乏对转基因食品的理解，由于转基因食品种类不多，消费者没有太多直观感受。曲瑛德等（2011）对国内一些地区的消费者群体进行了一次问卷调研后发现，目前中国消费者对转基因技术相关知识的了解较少，对转基因食品可能带来的不确定性的风险最为担心。周萍入和齐振宏（2012）的研究表明中国消费者对转基因进口食品普遍存在着一种相对中立的消费心理。李宗泰（2019）认为，一些存在粮食短缺和营养缺陷的发展中国家可能需要对这些转基因加工食品技术有更高的公众接纳比率，欧美和日本民众出于对本国粮食文化和传统粮食产品的民族自豪感，本国的粮食市场经济发展水平和本国社会经济快速发展等的情况，并不是很迫切地需要广泛使用转基因食品技术手段来帮助其提高质量，改善日常生活。沈露露等（2021）认为，消费者对转基因食品的基本常识知晓率较低，认知非常有限，女性消费者的转基因食品认知及格率较高，居住农村的消费者、学生，以及文化程度较高、恩格尔系数较低的消费者及格率较高。

2.2 消费者对转基因食品的风险感知

"风险"来自古意大利语"riscare",意为"to dare"(勇气),指冒险,代表了一个利益相关者主动的思想和行为(刘安林、王野,2009)。风险感知这个术语属于社会心理学的范畴,指个体对于自己或者外界可能客观存在的各种风险的感觉,并且要充分地强调个体通过主观感受与直观判断所取得的经验会对认识产生什么样的影响(刘茂等,2010),随着人类科技文明的发展以及对世界的改变,风险逐渐与人类的生活行为紧密相连,代表了发生危险或发生损失的可能性,变成了经济活动领域的一个专业的词汇。Aleksejeve(2012)发现,人们对于风险的判断不仅取决于对风险的思考,而且还包括对风险的感知。感知包括了感觉和知觉,感觉本身就是一种人类认知事物的开始和终止,是一种人脑对某些作用在感知器官上的个别属性的反应;知觉实际上就是对呈现在人们面前的一切客观事件的整体表征和反映。只有将感觉和知觉二者结合起来,才能形成客观有价值的信息。

Bauer(1960)将消费风险的直觉感知从社会心理学研究领域不断引入新的应用发展,对具体消费者风险行为的分析研究,他认为,无法明确的知晓消费者购买的行为是否正确,而错误的购买行为就会导致消费者的不愉快。在消费者的购买行为和决策发生后,其产生的购买行为和结果存在一定的不确定性,这也被认为是影响风险的原因之一。Cox(1969)对风险感知做了进一步的研究,他把风险感知分为购前风险感知和购后风险感知,购前风险感知指的是购买行为的不确定性,购后风险感知指的是对商品使用效果的不确定性。Dowling 和 Staelin(1994)将风险感知的概念定义为一种不确定性,即消费者在购买商品的过程中所体验到的风险不确定性以及可能发生的各种后果。Featherman 和 Savlou(2003)认为,风险感知来源于对消费者购买商品后可能产生的损失的预估。而在目前来讲,风险感知已经逐渐成为研究消费者行为领域的一个重要变量。Poortinga 和 Pidgeon(2005)在社会信任的背景下,研究了消费者对转基因食品的感知风险以及对转基因食品的可接受程度,并且进一步在不同的信任模型下,比较消费者感知风险的差异。Lusk 和 Coble(2005)设计了几个里克特量表问题,关于消费者是否同意食用转基因食品有风险的问题来引出消费者的风险感知。毛新志等(2011),项高悦等(2016)通过研究分析发现,如果消费者对于转基因食品的认识程度和消费者对于转基因食品的风险感知之间存在显著的相关的关系,即消费者对于转基因食品的认知程度越少,那么这些消费者对于转基因食品的风险感知严重程度就会更高。但是,冯良宣等(2013)认为,消费者越了解转基因,对于转基因的信息知道得越多,消费者感知到的风险就越大。周萍入、齐振宏(2012)通过调研发现消费者的受教育程度,对转基因食品的了解、优缺点的认识都会影响其对转基因食品感知风险的认识。李宗泰(2019)认为,不同的性别和不同年龄段的受访者在风险认识和感知上有非常明显的差别,女性和 30 岁以上的人群风险感知程度高,产生这种现象的原因可能来自他们日常生活的别致需求,另外,亲朋好友的评估会显著直接影响受访者的风险认识和感知,亲朋好友的负面评价会大大增加受访者的风险感知程度。

2.3 消费者对转基因食品的接受度

按照传统的消费者购买心理学的概念,消费者对商品的购买意愿本质上可以被认为是一种消费者对于某些具体商品产品进行选择的一种主观情绪倾向,并被分析证实后,可以用来作为一种预测消费者对于商品的消费心理和行为的重要依据。消费者对某商品或一个品牌的态度,加上其他因素的影响,构成了这些消费者的购买意愿。国外研究文献中 Bredahl(1999)研究表明,公众对转基因食品的风险感知决定他们对转基因食品的购买意愿。Lusk 等(2004)

通过对来自美国、英国和法国等国家的消费者市场调查研究结果发现,信息对其消费行为会产生明显的影响,转基因技术所带来的益处,尤其是对环境的益处会进一步提高消费者的购买意愿。而且,Montserrat 和 José(2009)认为,如果消费者对转基因科技和专业化的信任程度越深,对转基因食品消费者的风险感知所带来的影响程度往往就会越深,消费者的这种风险感知将会显著影响他们对转基因食品的接受程度和购买意愿。De Steur(2010)通过对中国山西地区的消费者群体进行调研,发现由于消费者对转基因大米的接受意愿比较高,客观的知识、风险感知和接受意愿等因素都会影响到消费者对转基因大米的接受程度以及购买意愿。进一步,Rimal 和 Benjamin(2011)探讨了中国消费者对于不同类型食品安全问题的理解和认知,并进一步分析了消费者的认知是否会对其消费习惯产生影响,作者指出,消费者对所购买的商品的认知水平与实际消费行为不同,导致消费者认知和消费行为不一致的主要原因是受教育程度的不同。换句话说,受教育程度越高的消费者,其认知水平和实际购买行为的一致性会提高,二者之间的差距会降低。Kikulwe 等(2009)研究认为,消费者的食品个性化需求特点和消费观念影响因子往往是最主要的,它可以直接影响到一个国家的消费者对于购买各种转基因加工食品的消费意愿。虽然各国对转基因食品的购买意愿高低不同,但是美国食品与药物管理局(FDA)、法国食品总局(DGAL)、英国食品标准局(FSA)均认为可上市的转基因食品对公众的健康以及地球的环境来说是安全的。在国内相关文献方面,殷志扬等(2012)基于计划行为理论分析发现,行为态度、主观规范、知觉行为的控制及与情绪的影响都会直接或间接的对转基因食品接受程度以及购买意愿产生显著影响。更进一步,郭际等(2013)认为感知利得、风险感知和减少风险的策略都对消费者的购买意愿产生显著的影响,商品的认知能力水平间接地决定了消费者的购买意愿。董园园等(2014)以武汉市消费者群体为问卷调研的对象,研究了影响转基因消费者对于转基因食品的购买意愿的一些重要影响因素,认为消费者的感知利得与消费者的购买意愿显著密切相关,并且分析发现了消费者对于转基因技术带来的感知利得要高于转基因食品所产生的优良性能。姚东旻等(2017)通过研究分析发现,转基因食品所能带给广大消费者的经济效用会变得越高,民众就越有可能选择转基因食品。王彦博、朱晓艳(2018)发现,上海市农村地区居民虽然对转基因食品的普遍认知程度比较高,但是其接纳程度却比较低。因此,政府有必要建立和完善转基因食品安全性质检测的相关法律法规,并进一步加大宣传力度。

2.4　生产者维度的相关研究

通过回顾相关国内外文献可以发现,目前,关于消费者风险感知和消费者购买意愿的研究较为丰富与全面,但是国内对转基因食品消费者风险偏好的研究较少。此外,相对于消费者维度,基于生产者维度研究转基因农产品的文献较少,文献主要聚焦于生产者种植意愿方面。不少学者探索了转基因作物种植意愿的影响因素,主要包含农民个人特征和农作物特征。

农民自身特征如性别、年龄、文化水平、收入、兼业程度、风险偏好等如何影响农民对转基因作物的种植意愿呢?从性别角度看,徐家鹏、闫振宇(2010),以及宋军等(1998)调查发现,女性比男性更容易接受转基因技术。然而,陆倩、孙剑(2014)却提出了相反的结论,认为男性更愿意种植转基因作物。从年龄角度来看,薛艳等(2014)和朱诗音(2011)均认为年轻种植者比年长者更容易接受转基因作物。从受教育程度来看,张兵、周彬(2006),以及陆倩、孙剑(2014)等均认为文化水平是影响农民采用新技术的重要因素。从收入水平来看,有研究认为随着农民收入的提高,越愿意种植转基因作物(陆倩、孙剑,2014;朱诗音,2011),然而也有研究认为,收入对转基因技术的应用的影响呈现倒

U型,随着收入的增加,采用新技术的意愿的先上升后下降
(左文中等,2008)。从兼业程度来看,有学者认为兼业程度
越高,对转基因技术等新技术的采用意愿就越弱,可能的解
释是兼业程度高的农民家庭对农业技术革新关注度更低
(周曙东等,2008),但也有学者指出,随着兼业程度的提高,
将通过提高农户对转基因作物的认知程度进而提高种植意
愿(陆倩、孙剑,2014)。从农民的风险偏好来看,薛艳等
(2014)认为风险爱好型农户比风险规避型农户更容易接受
转基因作物。但一般来说,中国农民的生产种植规模较小,
抗风险能力差,大多属于风险规避者(马述忠、黄祖辉,2003)。

转基因作物特征又如何对农户种植转基因作物的意愿
呢? 有研究表明,对于多抗性的转基因水稻,农户的种植意
愿更高(刘旭霞、刘鑫,2013)。朱诗音(2011)也认为高产量
是影响农民转基因水稻种植意愿的重要因素,但是美国学
者 Sall 和 Norman(2000)却提出,农民已经意识到高产与高
利润并不完全等同,故认为产量与农民的种植意愿正相关,
但不是显著影响因素。

总而言之,目前关于转基因食品的研究,基于生产者维
度的转基因食品研究少于消费者维度。此外,消费者维度
方面的研究,关注风险偏好影响转基因食品接受度的文献
较少,结合经济学实验探求风险偏好的更少。为此,本书的
研究运用经济学实验并从生产者和消费者双维度出发,探
究风险偏好对转基因接受度的影响。

第3章　风险理论概述

　　风险即不确定性,生活中存在大量的不确定性,这些不确定性能够影响每个个体的行为及决策,这就使得经济学家们对风险进行大量的研究。风险是一个基本概念,在现实生活中影响着人类的行为和决策。一个人无论是想投资,选择最好的健康保险,还是只想过马路,每天都会面临风险的决策。因此,在许多与经济学相关的环境中,风险态度对于决策非常重要。大量的研究引出了风险偏好,以便控制风险态度,因为很明显,它们可能在解释结果中发挥相关作用。

　　经济学家和心理学家们开发出一系列引出个人风险偏好的实验方法来评估个人的风险态度。Gneezy 和 Potters (1997)的实验方法提供了一种在具有真实货币收益的金融决策环境中的风险偏好的度量。气球模拟的风险任务

(BART)是指,通过向每人展示由一套电脑模拟气球不断吹大过程的系统,并由个人对气球大小进行风险评估的任务。(Lejuez, et al., 2002)。在实验经济学领域中,学者们设计了多种测量风险偏好的方法。目前世界上应用最为广泛的两种风险评估和测度的方法分别是 Binswanger(1980)的有序投票选择设计(OLS 设计),以及 Holt 和 Laury(2002)的多重价格表(MPL),Holt 和 Laury(2002)的风险评估方法在世界上应用得比较多,被认为是一种检测衡量风险偏好的"黄金标准",即让受试者对一对彩票进行一系列非假设性(真实性)选择,其中一对是"安全"彩票,另一对是"风险"彩票。风险选择的相对风险随着后续选择不断增加,被调查者从风险彩票切换到安全彩票的点被用作个人相对风险偏好的指标。这种方法与 Binswanger-Mkhize(1981),以及 Eckel 和 Grassman(2002)的方法非常相似,他们让受试者在多种彩票中选择一种。但是有各种各样的替代方法来衡量风险偏好,包括 Andreoni 和 Harbaugh(2010)的方法,该方法使受试者在预算约束下权衡收益大小和收益概率,引出确定性等价物。Harrison 和 Rutstrom(2008)对风险的态度是经济学的基本要素之一,在所有的标准经济理论中,个人风险偏好都被认为是给定的和主观的。Szrek 等(2012)测试了 7 种不同的风险偏好度量,并得出不同的结果:他们发现标准的 Holt 和 Laury(2002)度量以及气球弹出度量均不能显著说明吸烟、大量饮酒、不使用安全带或有危险性的行为。

自从 Holt 和 Laury(2002)发表开创性的论文以来,已经发表了大约 20 种方法,这些方法提供了引发风险偏好的替代方法。它们在不同的参数、表现形式和框架方面各不相同。许多这类风险引发方法都有相同的理论基础,因此,要求测量相同的参数——受试者的"真实"风险偏好。然而,越来越多的证据表明,根据所使用的方法,结果会有显著差异。因此,如果一个人的显性偏好依赖于所使用的测量方法,科学结果和现实世界的结论可能会有偏见和误导。Reynaud 和 Couture(2012)表明,由于现代社会对涉及风险和具有不确定性的决策手段和方式之间存在着巨大的差异,并且这种差异往往被简单地描述为对风险态度的差异,所以理解一个人对风险偏好的认识就是理解其经济活动和行为的一个前提。Lusk 和 Coble(2005)的一项研究强调,需要引发风险感知和风险偏好,以确定对转基因食品的偏好。文培娜(2019)则再次明确提到风险偏好就是一个人为了能够达成自己的风险目标,承担风险的主要因素,包括种类、范围以及严重程度等各个方面时所采取基本的心理态度。根据自身风险偏好情况的不同,一般可以将消费者划分为风险偏好者、风险中性者和风险规避者三种,且由于其风险偏好,使得风险行为主体对自身风险的正确认识和所能承受风险程度逐步减弱。但不管何种经济行为主体,当其行为涉及收益时,更加容易喜欢或者偏好这种确定性的收益;当涉及经济损失时,就可能会导致一些人更容易厌恶这种确定性的经济损失,偏好不确定性的收益。农民的生存依赖于生产,可能对收入可变性比对平均收入更敏感,并且通常表现出对风险的高度厌恶。风险厌恶是愿意接受较低的预期回报以获得较低的风险。对危险情况下行为的预测取决于对个人冒险意愿的了解程度。

Lusk 和 Coble(2005)发现,风险感知和风险偏好是消费者对 GMF 态度的重要决定因素,但风险感知的影响相对较大。BechLarsen 和 Grunert(2000),以及 Bauer(1960)证明了消费者的风险偏好会影响接受转基因产品的程度,风险偏好对接受转基因食品有很大的影响,风险偏好较高的消费者可能会很容易接受转基因食品。Holt 和 Laury(2002)方法的普遍使用让研究人员能够在广泛的背景和环境下比较风险态度。反过来,这有助于减少风险偏好研究的碎片化方法,最大限度地减少方法差异,旨在描述更普遍的现象(Liu,2013)。

3.1 预期效用理论

期望效用理论描述了理性人在风险或不确定因素环境

下的购买和消费选择（庹思伟，2015）。风险和不确定性都被运用来描述某一个决策因为没有足够的信息而又不能确定地被获知。因此，若一个人的决策被认为是在一定的风险下才能作出的，则这就意味着决策者能够清楚地列出这个决策过程中可能会产生的各种各样的后果和它们之间一一对应的各种可能性。如果某一个决策是在不确定性条件下才能作出的，就意味着这个决策产生的所有可能性和后果都无法被预期到。用现代统计学理论为基础来看，风险就是指决策者对于最终决策成果的概率和分布是清晰的，而不确定性则完全性相反。因此，从严格的意义上讲，预期效用理论主要讨论了决策者在风险条件下进行的选择。

预期经济效用理论就是指，在当前市场面临的各种不确定性的条件下，决策者进行决策时所必须具备掌握的重要理论知识。各种预期收益效用平均理论也建立在"理性人"基础上，在各种具有较大不确定性的经济条件下，最终的预期收益效用平均水平提高指的是通过确定决策者自己作为收益主体，对各种结果预期中所有可能已经发生或即将出现的各种结果水平进行各种加权或者估值计算后可能取得的数据，决策者需要努力谋求的收益是通过各种加权进行估值计算后可能形成的各种预期收益效用平均水平的效益最大化。预期风险效用经济理论模型是研究现代经济学中有关风险管理和决策问题的一个重要基本理论概念模型,该理论概念最初由冯·诺依曼(John von Neumann)和摩根斯坦(Morgensterm)两位著名的国际经济学家共同研究提出,之后通过萨维奇(Savage)等多位国际专家学者的研究补充和不断完善,最终成为重要的国际风险管理中的决策指导方法和理论模型。风险偏好可以被预期效用函数的无差异曲线的斜率表示,风险偏好程度越高,无差异曲线的斜率越大,反之,风险偏好的程度越低,无差异曲线的斜率也就越小,二者呈正相关的关系。

效用是一个经济学术语,用来衡量消费者对物品的满意度或满足程度,是个体对事务的主观评价。经济学家一般用它来衡量人们对于某些事物的主观消费价值、态度、偏好和消费倾向。效用可以把一些难以量化的事务加以量化。在我们面临一些风险决策的情况下,效用被广泛用来衡量我们对待风险的态度,并用效用函数来表示,它在理性选择理论中被广泛用于分析人类行为。

预期效用理论有非常严格的预期效用化假设基础,这些预期效用公理系统包括了无差别性公理、单调特征性公理、完备特征性公理、连续特征性公理和独立特征性公理。完备性:在面对两个不同的决策时,一个人更加倾向于 A 或者更加倾向于 B,或者他们认为 A 和 B 之间没有任何的差异,即,$A>B$ 或者 $A<B$ 或者 $A\sim B$;传递性:若 A 优于 B,B 优于 C,那么 A 优于 C,也就是,因为 $A>B$,且 $B>$

C,则 $A>C$;连续性:如果 $A<B<C$,存在一个唯一的概率 P 使得一个人在 B 与 A、C 之间没有偏好,即,$B\sim A+(1-P)\times C$;独立性:如果 $A\sim B$,那么 $P\times A+(1-P)\times C\sim P\times B+(1-P)\times C$。在这些公理性的假设基础下,能够发现一个效用函数 $u(x)$,并且我们可以确定决策者的最终决策原理就是要做到极大化效用的最高值。该函数具有以下性质:当 $A>B$ 时,$u(A)=u(B)$。这样的函数不是唯一的。

对人们进行预期性风险决策投资行为下的研究主要可以得出如下几个结论:一般来说,人们进行预期性风险决策投资行为更多需要关注的往往应该是相同资源和资产财富的最大实现增量,而不是相同资源财富中的绝对资产总额。相同资源财富数量增加的预期收益成本效用与实现减少的预期收益成本效用之间是不完全相等的。早期的战略决策往往会显著的影响后期的风险赢利态度与战略决策行为,早期的风险赢利作用也会直接帮助我们增强后期的风险收益偏好,早期的风险损失作用不仅能够直接加剧后期的风险亏损痛苦程度,而且还会提升风险的极度厌恶程度。

3.2　经济学实验

实验经济学本身就是一种广泛应用于社会主义经济学

科目中研究的实验性经济学形式。换句话说,就是通过运用实验的科学方法和工具等技术手段来深入研究各种经济问题,在某种可以被控制的实验环境下,针对特定的经济现象,通过控制特定的条件和假设等方法来改变实验的环境或其规则,并且仔细地观察这些实验对象的行为,分析其实验的结果,以便于检验、比较和完善传统的经济学理论,并为国家相关政策的制订提供指导,确定通过实践性研究进行可靠的经济科学研究的衡量标准。

3.2.1 实验的研究方法

经济学的实验和化学、物理等其他的科学实验一样,需要进行研究设计、挑选实验、记录分析数据等步骤。但是由于我们在经济学上进行实验研究的主体是一个经济社会生活中的每一个人,这里需要检验的是一个行为命题。所以,经济学的实验又必须使用一种区别于物理、化学的实验手段。

3.2.2 实验设计的一般步骤

确定实验的目标,选择合适的实验交易方式和制度,选择受试者,确定受试者的收入和方案,编辑好实验的指导使用用语,进行实验方案的评估和审核。不论实验的性质和类型还是研究焦点,都必须明确规定一种交易的规则及环

境的特征。在进行实验设计过程中不能完全忽略这一制度
的细节,因为实验室贸易规律的细微更新可能会直接影响
到观察者的行为。所以实验性经济学领域中的贸易制度的
设计就显得十分重要。

3.2.3　实验结果的分析方法

　　实验室要研究验证结果是否兼具科学性和有效性,所
需验证的各种经济理论数据的真实性,通常需要通过对理
论比较和定量评价的研究方法分析来进行判断得出结论,
因此,实验室的经济学家需要高度重视理论比较与定量评
价的研究方法。第一,一般把效率问题作为相互比较的重
要指标。Plott 和 Smith(1978)将效率定义为一个受试者的
报酬收入总和与最大可能报酬之间的比值,并探讨了如何
研究完善这些理论模型的绩效标准。我们能够根据新的绩
效管理目标要求来重新提炼和不断验证新的理论。第二,
采取独立自动变量。实验中发现,当因子中有两个或者两
个以上因变量的特殊情况下,就会容易导致实验出现两个
以上变量间的因子混合相互作用,因此,在一个实验中需要
独立不断地调整每一个自变量,获得自变量与因变量之间
产生混合作用的最准确的数值。第三,笔试考核结果评价
中的结论分析并非完全建立在概率分布的理论基础上。在
我们的社会现实生活中一个人并不能总是一直保持理性状

态,在非理性情况下,往往会直接导致一个人的各种心理行为方式产生重大变化,由于应用经济学概率理论的各种实测评价数据通常直接呈现出一种概率分布状态,所以通过评价数据得出的计算结论不能按照形式逻辑的理论模式,而是通过运用概率密度的各种乘积计算公式方法来对其加以精确表示(詹文杰、汪寿阳,2002)。

把社会心理学的实验与社会经济学的实验紧密结合的实验形式是近年经济学实验的一种发展趋势。因为经济学实验研究的对象都是在社会生活中的个体,需要进行验证的是一个人的行为命题,所以自然也就需要我们借助行为与心理学分析两种方法。首先,运用行为理论进行实验的完善与改进。例如,我们需要在实践中运用有价值的诱导手段来引导被调研者,使其充分发挥所扮演的角色。通常情况下,我们将实验限制在一定时间内,以避免受试者产生厌烦心态。其次,运用行为学的理论方法来分析和解释实验的结果。许多事件的实验结果可能与理论上的预测有所差异,其根本原因可能由于理论上假设一个行为者是理性的,而受试者的具体言行却是一种自然理性与非理性相互结合的自然统一。因此,我们可以借助展望分析理论、锚定理论、后悔认知能力失协理论、心理能力间隔分析理论、前景展望分析理论等一系列行为分析学基础理论,来共同帮助我们分析每个受试者的非理性行为,更好地解释实验结果(朱庆,2002)。

3.2.4　实验经济学的三大研究方向

随着越来越多的经济学家采用了实验性的经济理论和科学实践这一技术方法深入地开展研究,实验性的经济理论已经极大地扩充了自身的研究领域。从中国实验经济学所需要研究的内容和课题角度来看,它主要包括以下几个领域的内容:对策理论、市场机制的建立与模拟,以及个人经济的决策。

博弈论又可以叫对策论的理论分析研究。这类实验的研究方向比较广泛,包括信誉效应、共用品抉择和议价过程等。实验型博弈经济学家把观察博弈的各种规则体系变描述为一个实验环境和理论体系,通过观察博弈实验中被调研者的各种行为方式来不断检查其在博弈过程中的理论均衡性和预期的规则正确与否。现代传统的纳什博弈论把博弈参加者视为具有内省、具备超强的逻辑计算力和技术分析能力的博弈个体,得出了不同的纳什均衡的博弈方法和计算结果。

实验性经济学的研究成果表明,对于互动行为的研究,经典博弈论和均衡性的理论在讨论过程中还存在许多可以质疑地方,并且经济学理论的研究成果并不是最终结论。许多经典的博弈模型纳什均衡分析和现实是矛盾的。通过对大量的实验结果进行统计分析之后，构建出许多新的、更加符合我们观察得到的有关于参与者行为的理论和模型。其中，最典型的方法是博弈式学习理论在实践中的研究。

博弈论也属于现代社会心理学研究的范畴。社会心理学者普遍认为，"合作与竞争"是一种模仿人际交往关系的摹本表现形式。"囚徒困境"曾被当时的社会心理学家们广泛应用于研究合作和竞争。经济学家同样十分关心如何进行竞争和合作，如何有效建立商品价格的成本形成管理机制也一直是许多市场经济学家迫切关注的课题。市场机制就好像"看不见的手"，通过使用普遍均衡的生产方式，最终达到所有资源的帕累托最优。但是针对模拟的测量数据综合计算分析的结果表明，一般均衡计算方法的模拟实现往往需要我们花费很长时间。为了持续提高和不断改进商品市场机制，实验型市场经济学家正在努力研究各类商品价格驱动机制如何走向均衡和价格收敛。

在个人社会经济风险决策这一研究领域，实验型个人经济学主要研究着眼于如何检查那些被认为具有一定风险的经济决策者和假设。实验过程中的研究对象在作出经济决策所需要得到的经济回报当中，总会带有许多可能性和不确定性等因素。针对目前主流的经济学中理性原则与效用最大化的假说，实验型经济学提出了强烈而又坚决地挑战，他们试图采用实践的方式，掌握影响我们个人效用偏好的各种因素及其变化规律。目前已知的作为个人经济决策实践理论依据的社会期望经济效用分析理论和其他主观的社会期望经济效用分析理论仅仅是社会经济学家普遍认为的经济决策实践过程，不一定就是一般的社会经济决策活动中参与者实际需要作出经济决策的过程。

实验经济学被认为是一门正在"实验"的、活跃的、具有强烈生命力的经济学科，实验经济学的出现和兴起推动了现代社会主义经济学理论的形成和发展。第一，实验型经济学扩大和拓展了社会主义经济学理论。研究的对象包括现代人类的决策和行为，把其在经济运动中的整个过程都纳入研究领域，从而发现它们更加符合现实经济法则。第二，实验经济学构建了宏观经济学与其他微观经济理论研究的重要桥梁。宏观经济分析理论的基本实践特点主要是完全建立在对各种微观经济行为定量分析的理论基础上，对于宏观经济理论的研究和实验，能验证其中的微观经济理论。第三，实验经济学已经取得的这些研究成果也为本书的研究提供了坚固的理论基础，并为本书实验成果的综合分析提供了有效的途径和方法。

但是，从这门学科诞生和发展的历史和时期角度来看，实验经济学的诞生只有50多年，作为一门具有重要价值的新兴学科，难免会有一些不够完善的地方。实验中被试者的主观能动性会影响实验的有效性。被试者可能考虑到自己和实验者之间的关系，才能够有意识的完成实验预期。此外，目前在实验性经济学领域已取得的主要进展还仅仅局限于微观经济学的基础上，如何扩大它们应该运用的领域仍需要进一步探索。

第4章　问卷调研与博彩实验设计

4.1　问卷设计与调研

4.1.1　问卷设计

本书研究的主题是风险感知以及风险偏好对转基因食品的接受程度和购买意愿的影响,个体特征、风险感知、风险偏好相关数据无法直接获得,所以需通过实地调研方式获取。

问卷的设计主要分为三个阶段,第一阶段,阅读大量的国内外相关文献,归纳总结之前的论文问卷。第二阶段,根据当下的实际情况,设计符合被调查区域的调研问卷。第三阶段,选择学校周边的商铺、宿管阿姨进行问卷的预调研,发现调研问卷的问题,修改完善问卷,形成最终的调查问卷。

调查问卷包含被调查者的个体特征、三个里克特量表问题(包括风险感知、接受程度、购买意愿)和一个经济学实验。个体特征主要包括:年龄、性别、受教育程度、收入、是否与特殊人群一起居住等,通过个体特征可以了解不同的被调查者对转基因产品不同的看法。

4.1.2　正式调研

关于生产者调研,此次调查在两个农业大省——山西省和河南省的农村展开,通过实地调查填写问卷的方式,来了解家庭特征和个人特征的详细信息。发放问卷 270 份,收回有效问卷 244 份,有效样本占 91.4%,调查参与者完成调查的最低报酬为 5 元。整个问卷分为三个部分:

第一部分,个人基本资料。设置该部分的目的是获取受试者的个体特征,受试者需要回答 10 个关于个人信息的问题。为了使受试者作出真实的回答,实验开始前告知受试者,问卷获取的个体信息完全保密,且只用于学术研究。

第二部分,以作选择的方式来进行,研究生产者的风险感知、风险偏好及对转基因食品的接受程度。提前告知受试者所作的选择没有对错好坏之分,只需要按照真实的想法进行选择即可。

第三部分,经济学实验。该部分的实验难度主要在于游戏规则和决定收益的方式不容易被理解。鉴于大部分生产者的知识水平相对有限,为将游戏规则详细地解释清楚,我们寻找了五名助理提高实验效率。整个经济学实验一共35 组彩票选择,被分为三个系列,每个系列都需要选择出一行,最后在这三个系列中通过随机数抽奖的方式,最终选定一行,这一彩票结果决定了他们的货币回报。这样的实验方式使得受试者的每一次选择都被足够重视,因为受试者事先并不知道哪一行彩票会被选择,并且这种收益决定方式可以消除实验过程中财富效应对受试者的影响。

关于消费者调研,采用分层抽样的方法,调研对象定为上海市居民,上海市有 16 个市辖区,选择其中具有代表性的六个区,徐汇区、黄浦区、长宁区、宝山区、浦东新区、青浦区。其中黄浦区、徐汇区、长宁区为中心城区,宝山区、青浦区、浦东新区为郊区。调研场所选定为大型商场、公园以及咖啡厅等人流量大的地方。调研的时间选在人流量较大的周末,有利于我们调研。我们在每一个调研的场所采用随机调研的方式,会给每个参与调研的消费者 10 元钱作为报酬,以保证消费者所填的信息真实可靠,实验部分根据真实的实验结果给予受试者实验奖励。问卷开始于 2020 年 10月,在 2020 年 12 月结束。共发放 500 份问卷,收回 454 份,问卷有效率大于 90%。

4.2　经济学实验

我们设计了多个博彩实验，以消费者的实验为例，它包含了 14 个组合，每个组合的选项 A 是一样的，只有选项 B 是不同的。每个组合的选项 B 的期望逐渐增加，受试者在实验过程中，必须选择每个组合的选项 A 或选项 B，消费者一般会在选项 A 向选项 B 转换。例如第一行表示，选项 A 有 30％的概率获得 10 元，70％的概率获得 2.5 元，而选项 B 有 10％的概率获得 17 元，90％的概率获得 1.25 元。每个受试者必须决定其在组合中更喜欢选项 A 还是选项 B。

在实验开始的时候每个参与者都能获得一笔初始资金，作为问卷调查的回报。假设所有的参与者都是理性人，当参与者在进行博彩实验的过程中，他们只会从每一行的 A 转到 B，或者他们可以一直选 A，又或者他们可以一直选 B。

本次经济学实验中，我们使用微信小程序随机数来确定参与者的收益。首先确定参与者的转变行，然后使用参与者的转变行，设置 10 个数字，通过小程序随机抽取一个数字，记录参与者的收益。比如，一个参与者的转变行是第一行，如果抽取到的随机数是 1，则意味着他将获得 17 元；如果数字是 1 以外的九个数字，则意味着这他将获得 1.25 元；如果参与者一直选 A，那么就按照 A 的概率随机选择一个数字，让数字

1、2 和 3 代表 30％的概率，数字 1、2、3 以外的 7 个数字代表 70％，如果抽中 2 则意味着参与者将获得 10 元钱的报酬。

表 4.1　博彩实验

	选项 A	选项 B
1.	30％的机会获得 10 元，70％的机会获得 2.5 元	10％的机会获得 17 元，90％的机会获得 1.25 元
2.	30％的机会获得 10 元，70％的机会获得 2.5 元	10％的机会获得 18.75 元，90％的机会获得 1.25 元
3.	30％的机会获得 10 元，70％的机会获得 2.5 元	10％的机会获得 20.75 元，90％的机会获得 1.25 元
4.	30％的机会获得 10 元，70％的机会获得 2.5 元	10％的机会获得 23.25 元，90％的机会获得 1.25 元
5.	30％的机会获得 10 元，70％的机会获得 2.5 元	10％的机会获得 26.25 元，90％的机会获得 1.25 元
6.	30％的机会获得 10 元，70％的机会获得 2.5 元	10％的机会获得 31.25 元，90％的机会获得 1.25 元
7.	30％的机会获得 10 元，70％的机会获得 2.5 元	10％的机会获得 37.5 元，90％的机会获得 1.25 元
8.	30％的机会获得 10 元，70％的机会获得 2.5 元	10％的机会获得 46.25 元，90％的机会获得 1.25 元
9.	30％的机会获得 10 元，70％的机会获得 2.5 元	10％的机会获得 55 元，90％的机会获得 1.25 元
10.	30％的机会获得 10 元，70％的机会获得 2.5 元	10％的机会获得 75 元，90％的机会获得 1.25 元
11.	30％的机会获得 10 元，70％的机会获得 2.5 元	10％的机会获得 100 元，90％的机会获得 1.25 元
12.	30％的机会获得 10 元，70％的机会获得 2.5 元	10％的机会获得 150 元，90％的机会获得 1.25 元
13.	30％的机会获得 10 元，70％的机会获得 2.5 元	10％的机会获得 250 元，90％的机会获得 1.25 元
14.	30％的机会获得 10 元，70％的机会获得 2.5 元	10％的机会获得 425 元，90％的机会获得 1.25 元

资料来源：参考 Liu(2013)设计。

第5章 消费者风险感知及偏好 对转基因食品接受度的 影响

5.1 描述性统计

本次问卷调研采用分层抽样的方法,对上海市 6 个区 (黄浦区、徐汇区、长宁区、宝山区、青浦区、浦东新区)的大型商场的消费者随机拦截,进行问卷调研。

表 5.1 表明,受试者中,男性有 208 名,占总人数的 45.8%,女性有 246 名,占总人数的 54.2%,男女的性别比例分布比较均衡。年龄方面,30 岁以下的有 209 人,占总人数的 46%;30—39 岁的有 140 人,占总人数的 30.8%;40—

表 5.1　个体特征统计表

个体特征	人数	百分比（%）	累计百分比（%）
性别			
男（0）	208	45.8	45.8
女（1）	246	54.2	100
年龄			
30 岁以下	209	46	46
30—39 岁	140	30.8	76.8
40—49 岁	75	16.5	93.3
50—59 岁	15	3.3	96.6
60 岁以上	15	3.3	100
受教育程度			
小学及以下	7	1.5	1.5
初中及中专	55	12.1	13.7
高中及技校	53	11.7	25.3
本科及大专	270	59.5	84.8
硕士研究生及以上	69	15.2	100
家庭月收入			
4 000 元及以下	17	2.1	3.7
4 000—5 999 元	28	3.5	9.9
6 000—7 999 元	36	4.5	17.8
8 000—9 999 元	50	6.2	28.9
10 000—11 999 元	55	6.9	41.0
12 000—13 999 元	36	4.5	48.9
14 000—15 999 元	34	4.2	56.4
16 000—17 999 元	26	3.2	62.1
18 000—19 999 元	19	2.4	66.3
20 000 元及以上	153	19.1	100

资料来源：根据调研问卷整理所得。

49 岁的有 75 人,占总人数的 16.5%;50—59 岁的有 15 人,占总人数的 3.3%;60 岁以上的老人同样占总人数的 3.3%。从年龄来看,30 岁以下的年轻人占的比重最大,原因可能是相对来说年轻人更喜欢在周末出门逛街。从受教育程度看,本科及大专学历所占的比例最大,共有 270 人,约占总人数的 59.5%,初中及中专学历 55 人,占 12.1%。高中及技校学历有 53 人,占总人数的 11.7%。硕士研究生及以上学历有 69 人,占总人数的 15.2%。人数最少的是小学及以下学历只有 7 人,占总人数的 1.5%,在我们的研究对象中大专以上的学历占到 70%以上。关于家庭月收入,一共分为 10 个等级,每 2 000 元划分一个等级。分别是 4 000 元及以下,4 000—5 999 元,6 000—7 999 元,8 000—9 999 元,10 000—11 999 元,12 000—13 999 元,14 000—15 999 元,16 000—17 999 元,18 000—19 999 元,20 000 元及以上。其中家庭月收入在 20 000 元及以上的家庭最多,有 153 人,占总人口的 19.1%,家庭月收入在 20 000 元以下的各收入阶段呈正态分布。

如表 5.2 所示关于转基因食品的认知,在此次调研中,只有 19 个人没有听说过转基因食品,有 435 人听说过转基因食品,占总人数的 95.8%,这 19 个没有听说过转基因食品的消费者中,没有研究生及以上的学历。从样本的分析中可以看出消费者对转基因食品的了解程度是随着学历的提升而有所提高的。本研究将消费者对转基因食品的了解程度分为五个等级（完全不了解、比较不了解、一般、比较了解、非常了解），其中认为自己非常了解的只占到了总人数的 2％，有 8.6％的人认为比较了解，一半以上的人觉得了解程度一般，26.3％的人认为比较不了解转基因食品，还有 6.8％的人认为完全不了解转基因食品。说明消费者对转基因食品的了解还需提高。根据统计结果显示，有 12.1％的人觉得自己没有吃过转基因食品，有 54.6％的人觉得自己吃过转基因食品，还有 33.3％的人不知道自己是否吃过转基因食品。消费者关于转基因食品的信息来源主要是互联网，其次是电视广播和报纸杂志，有小部分人通过亲朋好友提供信息所了解。在所调研的对象中，只有 15 人认为不需要给转基因食品强制加标签，占总人数的 3.3％，有 396 人认为需要给转基因食品强制加标签，占总人数的 87.2％，还有 43 个人觉得加不加标签无所谓，占总人数的 9.5％。人们对于转基因食品的安全问题，我们一共分为五个等级（完全不担心、比较不担心、一般、比较担心、非常担心）其中有 18 人完全不担心转基因食品的安全问题，比较不担心的人数有 74 人，一般担心的有 173 人，比较担心的有 153 人，还有 36 人非常担心转基因食品的安全问题。由此可见，人们对于转基因食品的信任程度并不高。然后我们又问了消费者是否会规避生活中的转基因食品，其中有 43.8％的人表示不会主动规避转基因食品,56.2%的人会规避转基因食品,在这些会主动规避转基因食品的消费者中,有30.6%的人会选择完全不吃转基因食品,另外的69.4%的人会选择少吃。消费者对转基因食品未来的发展前景,有5.9%的人对转基因食品的前景非常有信心,有24.4%的人对转基因食品的前景比较有信心,有超过一半的人对转基因食品前景的信心处于有无之间,只有5.3%的人对转基因食品的而前景非常没有信心。

表 5.2　转基因食品认知及态度统计表

问　题	人数	百分比(%)
是否听说过转基因食品		
听说过(1)	435	95.8
没听说过(0)	19	4.2
是否了解转基因食品		
完全不了解	31	6.8
比较不了解	119	26.3
一般	255	56.3
比较了解	39	8.6
非常了解	9	2
是否吃过转基因食品		
吃过	248	54.6
没吃过	55	12.1
不知道	151	33.3
是否需要强制加标签		
需要	396	87.2
不需要	15	3.3
无所谓	43	9.5

问　　　题	人数	百分比(%)
是否担心转基因食品的安全问题		
完全不担心	18	4
比较不担心	74	16.3
一般	173	38.1
比较担心	153	33.7
非常担心	36	7.9
是否会规避转基因食品		
会	255	56.2
不会	199	43.8
规避的方式		
完全不吃	78	30.6
少吃	177	69.4
是否对转基因食品的前景有信心		
非常有信心	27	5.9
比较有信心	111	24.4
一般	244	53.7
比较没信心	48	10.6
完全没信心	24	5.3

资料来源:调研问卷整理所得。

5.2　转基因食品风险感知的现状分析

随着经济的高速发展,消费者对食品质量及食品安全问题越来越重视,尤其是食物中药物含量超标,地沟油流入餐桌,以及三聚氰胺、塑化剂等食品安全问题的曝出,更加加剧了消费者对食品安全质量的担忧程度。从表5.3调研的结果来看,人们对食品的安全问题并不乐观,我们把消费

者如何看待食品的安全问题依旧分为五个量级（非常大的
问题、比较存在问题、一般、基本没有问题、完全没有问题），
有 9.9％的人认为目前的食品安全还存在非常大的问题，
34.1％的人认为食品安全比较存在问题，37.7％的人认为食
品安全问题一般，17.6％的人认为对食品安全基本没有问
题，只有 0.7％的人对食品安全非常放心。由此可以看出，
人们对食品安全的问题还是比较担忧的。此外，我们还
设计了一个分析消费者购买习惯的问题，即消费者在购买
食品时是否会看生产日期、保质期或成分说明书，其中有
42.6％的人表示每次都会看，有 28.5％的消费者表示经常
看，22.5％的人表示有时会看，4.4％的消费者表示看得较少

表 5.3　购买习惯统计表

问　题	人数	百分比
食品安全问题		
非常大的问题	45	9.9％
比较存在问题	155	34.1％
一般	171	37.7％
基本没有问题	80	17.6％
完全没有问题	3	0.7％
是否会看说明书		
每次都看	193	42.6％
经常看	129	28.5％
有时会看	102	22.5％
看得较少	20	4.4％
完全不看	9	2.0％

资料来源：调研问卷整理所得。

或者偶尔会看一下,只有 2% 的人从来不看说明书。从统计数据可以看出,人们的消费习惯比较好,人们普遍比较关注食品的安全问题。

转基因食品自 20 世纪问世以来,就饱受争议。转基因技术可能存在的风险首先是生态风险,美国的杂草学会把杂草定义为不被受欢迎的植物,如果转基因作物具备更好的属性,适应能力、繁殖能力变强,那么就可能导致超级杂草的诞生,因此转基因植物自身可能转变为杂草(陈栋等,2004)。另外,赖家业等(2005)研究表明,转基因作物会降低土壤的肥沃程度,使土地变得贫瘠。转基因技术可能会对生物多样性产生影响,由于转基因作物自身基因的特性会直接影响目标生物,可能会导致生态圈结构遭到破坏,食物链发生改变,从而会破坏生物多样性(郭建英等,2008)。转基因技术的不确定性,还可能导致健康风险。比如过敏反应,有些人群对某些食物有过敏反应,如果把这种食物中的基因片段转入到其他的食物当中,那么就可能导致人们对此类转基因食品也会产生过敏反应。转基因技术还会导致缺失营养的问题,如果新导入的基因发生了基因的突变,从而破坏了原有的营养结构,就会发生难以预料到的缺失营养的问题(段武德,2007)。此外,转基因技术还可能导致毒性问题(吴丽业、闫茂华,2009)。

　　由于转基因技术的不确定性,转基因技术可能会导致转基因食品出现风险问题。根据以往的文献来看,风险感知可以分成多个维度。我们采用 Lusk 和 Coble(2005)的方法,设计了四个五级量表问题(1—5 分,分别代表"强烈不同意""比较不同意""一般""比较同意""非常同意"),在随后的分析中,我们将问卷数据标准化为零均值和单位标准差,并使用该统计数据作为我们对每个人风险感知的衡量标准。

　　四个量表代表四个维度:心理风险、健康风险、环境风险、社会风险,这四个维度在问卷中体现为四个问题,即食品生产中基因改造可能会给我和我的家人带来风险,食品生产中的基因改造可能会给人类带来新的疾病,转基因技术会造成基因污染或环境污染,国家对转基因食品安全的控制是足够的。如表 5.4 所示。

表 5.4　心理、健康、环境、社会风险感知统计表

选项	强烈不同意(%)	比较不同意(%)	一般(%)	比较同意(%)	非常同意(%)	均值	标准差	方差
心理风险	4	18.1	43.2	19.2	15.6	3.24	1.048	1.099
健康风险	2.2	14.8	44.7	21.8	16.5	3.36	0.995	0.989
环境风险	4	25.8	40.5	17.2	12.6	3.09	1.042	1.085
社会风险	4.4	20.7	44.9	20.9	9	3.09	0.973	0.947

资料来源:调研问卷整理所得。

对于心理风险来说,比较同意和非常同意分别占 19.2%和 15.6%,多于强烈不同意和比较不同意,消费者对于转基因食品是否会带来风险的心理预期处于中间偏上。健康风险感知和心理风险感知分布情况一致,排在前三位的分别是一般,占 44.7%;比较同意,占 21.8%;非常同意,占 16.5%。人们认为转基因食品具有一定的健康风险。环境风险的前三位是,一般,占 40.5%;比较不同意,占 25.8%;比较同意,占 17.2%,但是非常同意比强烈不同意多 8.6%。在社会风险方面,基本上呈正态分布,一般的人占 44.9%,其次是比较同意和比较不同意,分别占 20.9%和 20.7%,由此可见,人们对转基因食品的环境风险和社会风险的感知并不算高。

健康风险的均值最高为 3.36,其次是心理风险,为 3.24,环境风险和社会风险的均值一样为 3.09,均值均高于一般,所以消费者对转基因食品的风险感知总体较高,其中,健康风险的风险感知程度最高。

5.3 转基因食品接受度的现状分析

如表 5.5 所示,有 63.4%的消费者在购买食品的时候会主动关注该食品是否是转基因食品,有 25.6%的人不会关注是否是转基因食品。如果我们购头的食品中明确的标签

标明是转基因食品,那么只有 19.4％的人选择继续购买,
50.7％的人则会不购买,还有 30％的人不知道自己是否会
购买。就食品价格而言,如果转基因食品的价格相对非转
基因食品的价格更便宜,有 36.3％的人会选择购买转基因
食品,63.7％的人依然选择不购买转基因食品。

表 5.5 消费者对转基因食品的看法

问　　题	频率	百分比（％）
是否会关注食品是转基因还是非转基因		
不会(0)	116	25.6
会(1)	288	63.4
不知道(2)	50	11.0
是否会购买标有转基因成分的食品		
不会(0)	230	50.7
会(1)	88	19.4
不知道(2)	136	30.0
转基因食品价格相对更便宜,是否会购买		
不会(0)	289	63.7
会(1)	165	36.3

资料来源:调研问卷整理所得。

如图 5.1 所示,根据购买意愿的量表(5 分制,1—5 分代
表强烈不同意、比较不同意、一般、比较同意、非常同意)可
知,强烈不同意购买的人数占 24.7％,比较不同意购买的
人数占 27.8％,表示一般的人占 33％,比较同意的人占
11.2％,非常同意的人仅占 3.3％,均值为 2.41,由此可见人
们对转基因食品的购买意愿趋于中等。

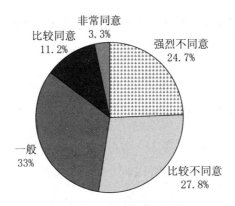

图 5.1　购买意愿统计分布图

5.4　转基因食品接受度的影响因素分析

接下来实证分析消费者的转基因食品风险感知和风险偏好对转基因食品接受意愿和购买意愿的影响。根据上文,被解释变量为消费者购买转基因食品的意愿(1＝强烈不同意,2＝比较不同意,3＝同意,4＝比较同意,5＝非常同意),解释变量为消费者对转基因食品的风险感知、风险偏好以及个体特征。由于因变量有五个等级且程度不断加强,所以符合有序 Probit 回归模型,有序 Probit 回归模型常见于被解释变量为分类顺序变量的回归模型中。假设回归模型的形式为:

$$Y_i = \beta X_i + \varepsilon_i, \ i = 1, \cdots, n$$

其中 Y_i 为因变量,X_i 为观测值即自变量,为 $1 \times d$ 维行向量;β 为回归系数,为维 $d \times 1$ 维列向量;ε_i 为残差项。

首先分析风险感知,风险感知分为四个维度分别是心理风险、健康风险、环境风险和社会风险,表 5.6 中可以看出,模型一为风险感知的四个维度的回归,可以发现,接受意愿和购买意愿的平行线检验结果分别为 0.064 2 和 0.139 5,均大于 0.05,所以回归的结果有意义。由回归结果可知,心理风险的回归系数为 -0.440,P 值小于 0.01,所以心理风险对接受程度显著起到一定的抑制作用,心理风险感知程度越高,接受程度越低。社会风险对接受程度同样起到显著抑制的效果,因为回归系数同样为负数,且 P 值小于 0.01。但是健康风险感知与接受程度的回归结果并不显著,环境风险与接受程度的回归系数为 -0.175,P 值小于 0.05,所以环境风险对接受程度起到抑制作用。总体来说,人们的风险感知程度越高,对转基因食品的接受度就会降低。关于购买意愿的回归结果,从表 5.3 中可以看出,健康风险与转基因食品的购买意愿之间的回归系数为 -0.376,且 P 值小于 0.01,所以健康风险对购买意愿呈显著的抑制作用,人们对于转基因食品对自身健康是否会带来风险存在比较大的疑虑,所以健康风险越高,消费者越不倾向于购买转基因食品。社会风险与接受程度的回归系数为 -0.362,且 P 值小于 0.1,表明消费者的社会风险感知也对购买意愿具有抑制作用的效果,消费者对于国家对转

表 5.6　模型回归结果

自变量	接受程度				购买意愿			
	模型一	模型二	模型三	模型四	模型一	模型二	模型三	模型四
性　别	-0.157 (-0.108)	-0.155 (-0.108)	-0.155 (-0.108)	-0.165 (-0.104)	-0.134 (-0.111)	-0.111 (-0.111)	-0.107 (-0.111)	-0.128 (-0.104)
年　龄	-0.024*** (-0.006)	-0.025*** (-0.006)	-0.025*** (-0.006)	-0.036*** (-0.006)	-0.014** (-0.006)	-0.101 (-0.006)	-0.016*** (0.006)	-0.034*** (-0.006)
受教育程度	-0.150** (0.069)	-0.15 (-0.687)	-0.151 (-0.069)	-0.196*** (-0.066)	-0.104 (-0.071)	0.364 (-0.071)	-0.107 (-0.071)	-0.171*** (-0.066)
收　入	0.012 (-0.019)	0.009 (-0.193)	0.009 (-0.192)	0.005 (-0.019)	0.042** (-0.02)	-1.524*** (-0.02)	0.036 (-0.02)	0.023 (-0.019)
心理风险	-0.440*** (-0.079)				-0.545*** (-0.082)			
社会风险	-0.320*** (-0.067)				-0.362*** (-0.07)			
健康风险	-0.133 (-0.081)				-0.376*** (-0.085)			
环境风险	-0.175** (-0.074)				-0.239*** (-0.077)			
风险感知		-1.036*** (-0.085)	-1.035*** (-0.085)			-0.276*** (-0.100)	-0.152 2*** (-0.100)	
风险偏好		-0.315*** (-0.094)	-0.374 (-0.392)			0.531 (-0.096)	-0.700 (-0.096)	
交互项			0.868 (-0.124)	-0.105*** (-0.029)			0.14 (-0.134)	-0.087*** (-0.029)
平行线检验	0.064 2	0.213 0	0.046 7	0.124 5	0.139 5	0.530 3	0.412 8	0.236 4

资料来源：根据调研问卷整理所得。

基因食品安全问题的管理比较关心,消费者感知不到国家对转基因食品安全问题的有关政策,那么就不乐意购买转基因食品。心理风险感知对转基因食品的购买意愿呈显著抑制的作用,因为心理风险与购买意愿之间的回归系数为−0.545,P 值小于 0.01,表明消费者心理风险感知程度越高,越不会去尝试购买转基因食品,因为人们对于转基因食品抱有一定的谨慎心理,信任度不高,近些年转基因食品的负面新闻对消费者产生了一定的影响。环境风险感知与转基因食品购买意愿之间的回归系数为−0.239,P 值小于 0.05,表明环境风险感知也显著影响消费者对转基因食品购买意愿,且起到抑制购买意愿的作用,这可能是由于近些年发生的一些环境问题,环保主义者大力提倡保护生态环境,而转基因食品的环境污染论也是转基因食品饱受争议的一部分,因此,消费者对转基因食品环境风险的感知逐渐升高,进而影响其购买意愿。心理风险、健康风险、环境风险和社会风险这四个维度的风险感知均与转基因食品的购买意愿呈显著反向相关的关系,其中,心理风险感知对购买意愿的影响最大,表明人们在购买转基因食品的时候受到主观想法的影响较大。

在表 5.6 中,还有三个模型的回归结果,其中在模型二中,包括风险感知和风险偏好的线性效应。在模型三中,包括风险感知、风险偏好、风险感知和风险偏好的交互项。在模型四中,去掉了风险感知和风险偏好的线性效应,只包含风险感知和风险偏好之间的相互作用。表 5.6 中是三个模型中分别对转基因食品接受程度和购买意愿的边际效用。

本书对风险感知的衡量包括心理风险、健康风险、环境风险和社会风险,分别依次代表四个维度,其中社会风险与其他三个变量是反向变量,需要先进行反向编码,与其他三个变量一致。然后再将这四个维度的量表编码成一个新的量表,即消费者的风险感知。

关于转基因食品接受意愿模型二、模型三、模型四的平行线检验结果分别为 0.213 0 和 0.046 7 以及 0.124 5,对转基因食品购买意愿的平行线检验的回国结果分别为 0.530 3 和 0.412 8 以及 0.236 4,平行线检验的范围为 0—1,大于 0.05 表示回归结果有意义。从平行线检验的结果可以看出,模型二对转基因食品的接受程度和购买意愿的回归结果均通过了平行线检验,可以进一步进行分析。

从表 5.6 中可以看出,模型二中风险感知对转基因食品接受意愿呈显著的抑制作用,回归系数为 -1.036,P 值小于 0.01,即风险感知程度越高,越不容易接受转基因食品;反之,风险感知程度越低,对转基因食品的接受意愿更强烈,这可能是因为人们对外界的风险感知越小,越愿意接受新鲜事物。模型二中,风险感知和转基因食品购买意愿之间回归结果的显著性小于 0.05,表明风险感知对消费者对转基因食品的购买意愿也存在明显的抑制作用。风险感知与消费者对转基因食品的购买意愿的回归系数为-1.524，表示风险感知与购买意愿存在反向相关关系，即风险感知越高，也就是对风险的敏感程度越高，消费者对转基因食品的购买意愿越低；反之，风险感知程度越低，消费者对转基因食品的购买意愿越高。风险感知意味着人们对外界风险的一种主观感受，人们风险感知偏低意味着对自己周围的生活环境比较信任，并没有感受到潜在的风险，所以对生活环境中出现的任何东西都比较信任，因此，风险感知程度低的消费者比较容易购买具有优良性能的转基因食品，相反，风险感知程度比较高的消费者对待生活比较谨慎，尤其是转基因食品这种具有争议性的产品，他们往往会倾向于不购买转基因食品，即使转基因食品具有更好的特性。模型三对转基因食品的接受程度和购买意愿的平行线检验的结果显示，关于接受程度的平行线检验并未通过，只有对购买意愿通过了平行线检验。风险感知对转基因食品的购买意愿的回归系数为-0.152，P值小于0.01，所以风险感知对转基因食品的购买意愿呈显著抑制作用，也就是说，风险感知程度越高，消费者越不愿意购买转基因食品。

风险偏好的回归分析，我们采用的方法是使用"多重价格表"设计，向消费者提供彩票选项，让他们同时进行选择。这种方法最初由Binswanger（1980，1981）使用，后由Holt

和 Laury(2002)修改。Holt 和 Laury(2002)的风险偏好诱导技术相比以前使用的技术有几个优点:第一,它避免依赖于买入或卖出框架的风险偏好陷阱;第二,实验方法易于向参与者解释,从启发方法获得的数据易于解释。在我们的实验中,个人的风险偏好是按照 Holt 和 Laury(2002)概述的方法来确定的。在风险引发练习中,个人在 A 和 B 两种彩票之间进行了一系列 14 个选择,其中,彩票也被称为"安全"彩票(见表 4.1)。对于每个决定,消费者必须选择选项 A 或选项 B。虽然作出了 14 个决定,但只有一个被随机选择为具有约束力。具体来说,只有一个决定是 14 个决定中的收益。一旦决定了投资决策,投资者将再次决定受试者在所选择的赌博中获得的回报是高还是低。Liu(2013)运用预期效用理论表示相对风险规避系数,本书通过经济学实验和预期效用理论相结合,引出相对风险规避系数表示消费者的风险偏好。

在经济学实验中,消费者往往都是从选项 A 转向选项 B,因为每个决策的选项 A 是不变的,选项 B 的期望逐渐增加。消费者从选项 A 切换到选项 B 的点可用于定义受试者风险厌恶参数的取值范围,在接下来的分析中,我们使用个人相对风险厌恶系数的估计值来表示风险偏好。我们遵循 Holt 和 Laury(2002)的程序,通过假设恒定相对风险厌恶的效用函数来定义该参数的上限和下限:

$$U(w) = w^{(1-rr)}/(1-rr)$$

其中 rr 是相对风险厌恶的系数（CRRA），w 是博彩实验中消费者获得的收益。举例来说，假设一个人在前三个决策中选择了选项 A，然后为每个后续决策选择了选项 B。相对风险厌恶系数的下限可以通过求解 rr 来确定，使得在决策 3 的情境下，消费者在选项 A 和选项 B 之间效用无差异：

$$0.3\frac{10^{(1-rr)}}{(1-rr)} + 0.7\frac{2.5^{(1-rr)}}{(1-rr)} = 0.1\frac{20.75^{(1-rr)}}{(1-rr)}$$

$$+ 0.9\frac{1.25^{(1-rr)}}{(1-rr)} \quad 故：rr = -0.68$$

对于同一个消费者，相对风险厌恶系数 rr 的上限，即使得该个体在决策 4 的选项 A 和选项 B 之间是相等的：

$$0.3\frac{10^{(1-rr)}}{(1-rr)} + 0.7\frac{2.5^{(1-rr)}}{(1-rr)} = 0.1\frac{23.25^{(1-rr)}}{(1-rr)}$$

$$+ 0.9\frac{1.25^{(1-rr)}}{(1-rr)} \quad 故：rr = -0.48$$

所以，当消费者在决策 4 中从选项 A 转向选项 B 时，其风险厌恶系数的为 $-0.68 < rr < -0.48$，我们取相对风险厌恶系数的中点作为风险偏好的度量，即风险偏好 $rr = -0.58$。实验中每个决策对应表 5.7 中所示的特定风险厌恶系数的范围。在接下来的分析中，我们使用个人相对风险厌恶系数的估计值来表示风险偏好。因为彩票选择只提供了个人相

对风险厌恶系数 rr 的范围,我们在分析中使用的度量是通过个人选择确定的最小和最大可能相对风险厌恶系数 rr 的中点。例如,前3个决策任务选择选项 A,然后选择选项 B 的个人的相对风险厌恶系数 rr 在-0.48 和-0.68 之间。对于接下来的分析,这样一个人的相对风险厌恶系数 rr 将被设置为-0.58 的值。风险偏好系数 $rr<0$ 表示风险偏好型,$rr=0$ 表示风险中性,$rr>0$ 表示风险规避型。

表 5.7　基于博彩实验的风险厌恶系数

转变行	相对风险厌恶系数范围	风险偏好	频数
1	$rr<-1.22$	-1.22	21
2	$-1.22<rr<-0.91$	-1.07	21
3	$-0.91<rr<-0.68$	-0.80	24
4	$-0.68<rr<-0.48$	-0.58	21
5	$-0.48<rr<-0.30$	-0.39	35
6	$-0.30<rr<-0.13$	-0.22	39
7	$-0.13<rr<0.03$	-0.05	18
8	$0.03<rr<0.16$	0.10	36
9	$0.16<rr<0.25$	0.21	42
10	$0.25<rr<0.38$	0.32	26
11	$0.38<rr<0.47$	0.43	52
12	$0.47<rr<0.58$	0.53	22
13	$0.58<rr<0.67$	0.63	28
14	$0.67<rr<0.74$	0.71	52
Never	$0.74<rr$	0.74	17
统计			454

注:假设 $U(w)=w^{(1-rr)}/(1-rr)$,Never 表示自始至终没有发生转变。

从图 5.2 中可以看出,风险规避型的消费者占比高于风险偏好型的消费者,说明人们并不太愿意冒险尝试新鲜事物,人们普遍喜欢保守的生活方式。

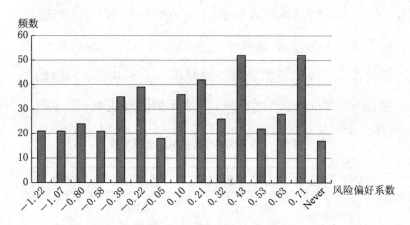

图 5.2 风险偏好系数分布图

通过 Stata16 多元 Probit 回归得出,在上文对风险感知的分析中已知,模型二对转基因食品的接受程度和购买意愿均通过平行线检验。在模型二中,性别与转基因食品的接受程度和购买意愿的 P 值均大于 0.1。P 值范围为 0—1,P 值小于 0.05,表明回归结果显著,所以性别对转基因食品接受程度和购买意愿的影响非常不显著,表示性别与转基因食品的购买意愿无明显的相关关系。原因可能是现在男性跟女性接触到的关于转基因食品的信息相同,性别的差异不会对转基因食品的购买意愿产生影响。年龄与转基因食品接受程度的回归结果显示,回归系数为 −0.025,P 值小于 0.01,也就是说年龄与转基因食品接受意愿呈显著相关且对接受程度起抑制作用。和接受程度一样,年龄与转基因食品的购买意愿的回归系数也为负,即 -0.015,P 值同样小于 0.01,所以年龄对购买意愿也起到抑制的作用。年龄与转基因食品接受程度和购买意愿之间是反向相关关系,这可能是年龄越大的消费者越不会倾向尝试新事物,随着年龄的升高,变得更保守,更相信传统的食物而不愿意接受和购买转基因食品。受教育程度与转基因食品接受程度和购买意愿回归结果的 P 值均大于 0.05,表示受教育程度对转基因食品的接受程度和购买意愿无明显的抑制或促进的关系。原因可能是转基因食品的普及并没有随着受教育程度的变化而变化,人们对转基因食品的看法也并没有随着受教育程度的提高而有明显改变,人们对转基因食品的接受程度和购买意愿主要还是来源于消费者的风险认知水平。收入水平与转基因食品的接受程度和购买意愿的 P 值均大于 0.05,所以回归结果均不显著,表示收入水平对转基因食品的接受程度和购买意愿无明显的促进或抑制作用。

从表 5.6 中可以看出,在模型二中,风险偏好与转基因食品的接受度和购买意愿的回归结果显著,回归系数为分别为 -0.315 和 -0.276,P 值均小于 0.01,即风险偏好对转基因食品的接受程度和购买意愿均起到抑制的作用,表示随着风险偏好系数的增加,消费者对转基因食品的接受度和购买意愿在下降。换句话说,风险规避型的消费者并不愿意接受或者购买转基因食品;反之,风险偏好型的消费者会更加倾向于接受或者购买转基因食品。风险偏好型的消费者可能更愿意尝试具有优良性能的转基因食品,风险规避型的消费者对于具有争议的转基因食品往往会保持谨慎态度,并不会接受和购买转基因食品。结果表明,根据决策任务中的选择估算出的风险厌恶系数确定的风险厌恶程度越高的个体,比风险偏好程度高的个体更不太可能接受和购买转基因食品。风险厌恶程度较高的个体比风险厌恶程度较低的个体更不接受在食品生产中使用转基因技术。回归结果与预期假设一致,人们对转基因食品的购买意愿跟消费者的风险偏好显著相关。从消费者在决策任务中的选择来看,比起更喜欢冒险的人来说,风险厌恶型的消费者不太可能购买转基因食品,风险厌恶程度较高的个体比风险厌恶程度较低的个体更不接受在食品生产中使用转基因技术。

在模型三中,对转基因食品购买意愿的回归结果通过了平行线检验,风险偏好和转基因食品购买意愿的回归系数为-0.700,P 值大于 0.05,即风险偏好对购买意愿并没有起到显著的抑制或促进作用,风险感知和风险偏好的交互作用的结果也不显著,P 值大于 0.05。模型四中只包含风险感知和风险偏好的交互作用,从表 5.6 中可以看出,交

互项对转基因食品的接受程度和购买意愿的回归系数分别
为 -0.105 和 -0.087，P 值均小于 0.01，风险偏好和风险感
知共同作用时，对转基因食品的接受程度和购买意愿均呈
显著的抑制作用，风险感知和风险偏好交互作用时对转基
因食品接受程度的抑制效果更大。

表 5.8 中展示了模型二、模型三、模型四中风险感知、
风险偏好以及风险感知风险偏好交互项对转基因食品接
受程度和购买意愿的边际效用。在模型二中，风险感知在
接受程度为强烈不同意、比较不同意、一般、比较同意、非常
同意的边际效用分别为 0.205、0.100、-0.144、-0.121、
-0.040。即风险感知每增加一个单位，消费者强烈不接受
转基因食品的概率上升 20.5%，消费者比较不接受转基因
食品的概率上升 10%。消费者一般接受转基因食品的概率
下降 14.4%，消费者比较接受转基因食品的概率下降 12.1%，
消费者强烈接受转基因食品的概率下降 4%。风险感知在
购买意愿为强烈不同意、比较不同意、一般、比较同意、非常
同意的边际效用分别为 0.269、0.121、-0.184、-0.175、
-0.031。即风险感知每增加一个单位，消费者强烈不愿意
购买转基因食品的概率上升 26.9%，对比较不愿意购买转
基因食品的概率上升 11.8%。消费者一般愿意购买转基因
食品的概率下降 18%，对比较愿意购买转基因食品的概率
下降 17.1%，对强烈愿意购买转基因食品的概率下降 3.6%。

表 5.8 边际效用的回归结果

项　目	接受程度			购买意愿		
	模型二	模型三	模型四	模型二	模型三	模型四
强烈不同意（Y＝1）						
风险感知	0.205***	0.205***		0.269***	0.270***	
	(0.016)	(0.016)		(0.015)	(0.015)	
风险偏好	0.061***	0.074		0.049***	0.124	
	(0.019)	(0.078)		(0.017)	(0.075)	
风险感知×风险偏好		−0.004	0.026***		−0.025	0.024***
		(0.025)	(0.007)		(0.024)	(0.008)
比较不同意（Y＝2）						
风险感知	0.100***	0.100***		0.121***	0.118***	
	(0.011)	(0.012)		(0.150)	(0.015)	
风险偏好	0.030***	0.036		0.022***	0.054	
	(0.009)	(0.037)		(0.008)	(0.032)	
风险感知×风险偏好		−0.002	0.012***		−0.01	0.008***
		(0.012)	(0.003)		(0.010)	(0.003)
一般（Y＝3）						
风险感知	−0.144***	−0.144***		−0.184***	−0.186***	
	(0.015)	(0.015)		(0.016)	(0.016)	

续表

项　目	接受程度			购买意愿		
	模型二	模型三	模型四	模型二	模型三	模型四
风险偏好	−0.043*** (0.013)	−0.052 (0.055)		−0.033 (0.012)	−0.085 (0.053)	
风险感知×风险偏好		0.003 (0.017)	−0.018*** (0.005)		0.017 (0.017)	−0.015*** (0.005)
比较同意（Y=4）						
风险感知	−0.121*** (0.015)	−0.121*** (0.015)		−0.175*** (0.018)	−0.173*** (0.018)	
风险偏好	−0.036*** (0.012)	−0.344 (0.045)		−0.032*** (0.011)	−0.079 (0.047)	
风险感知×风险偏好		0.002 (0.014)	−0.015*** (0.004)		0.016 (0.015)	−0.014*** (0.005)
非常同意（Y=5）						
风险感知	−0.040*** (0.011)	−0.040*** (0.011)		−0.031*** (0.011)	−0.030 (0.010)	
风险偏好	−0.012** (0.005)	−0.014 (0.015)		−0.006** (0.003)	−0.013 (0.009)	
风险感知×风险偏好		0.001 (0.005)	−0.005*** (0.002)		0.003 (0.003)	−0.003*** (0.001)

注：括号内为标准误，* $p<0.10$，** $p<0.05$，*** $p<0.01$。

风险偏好对强烈不同意、比较不同意、一般、比较同意以及非常同意等五种不同程度的边际效用的分别是 0.061、0.030、—0.043、—0.036、—0.012,即对风险偏好每增加一个单位消费者强烈不接受转基因食品的概率上升 6.1%,消费者比较不接受转基因食品的概率上升 3%。消费者一般接受程度的概率下降 4.3%,对比较接受转基因食品的概率下降 3.6%,对强烈接受转基因食品的概率下降 1.2%。风险偏好在购买意愿为强烈不同意、比较不同意、一般、比较同意、非常同意的边际效用分别为 0.049、0.022、—0.033、—0.032、—0.006。即风险偏好每增加一个单位,强烈不愿意购买转基因食品的概率上升 4.9%,比较不愿意购买转基因食品的概率上升 2.2%,一般愿意购买转基因食品的概率下降 3.3%,比较愿意购买转基因食品的概率下降 3.2%,强烈愿意购买转基因食品的概率下降 0.7%。

在模型三中,对转基因食品的接受程度的平行线检验没有通过,风险感知对购买意愿为强烈不同意、比较不同意、一般、比较同意、非常同意的边际效用分别为 0.270、0.118、—0.186、—0.173、—0.030。即风险感知每增加一个单位,消费者强烈不接受转基因食品的概率将上升 27%,消费者比较不接受转基因食品的概率上升 11.8%,消费者一般接受转基因食品的概率下降 18.6%,消费者比较接受转基因食品的概率下降 17.3%,消费者强烈接受转基因食品的概率下降 3%。在模型三中,风险感知和风险偏好的交互作用对转基因食品的接受程度以及购买意愿的回归结果不显著,所以边际效用也不显著。关于风险感知和风险偏好的交互作用对转基因食品的接受程度和购买意愿的边际效用,当模型三中包含风险感知以及风险偏好时,风险感知和风险偏好的交互作用并不显著。然而,在模型四去掉风险感知和风险偏好这两项后,风险感知和风险偏好之间的相互作用在接受程度和购买意愿的边际效用中非常显著,二者的交互作用对转基因食品的接受程度和购买意愿的回归系数分别为 -0.105 和 -0.087, P 值均小于 0.01,所以,风险偏好和风险感知之间的相互作用也会影响个人对转基因食品的重视程度。

在本次研究中,风险感知与接受程度及购买意愿的回归系数均大于风险偏好与接受程度及购买意愿的回归系数,这表示风险感知比风险偏好对转基因食品的购买意愿有更大的影响。如果这些结果在其他具有更大、更具代表性样本的风险偏好诱导程序下成立,表明向消费者提供关于转基因食品风险的信息可能会对消费者行为产生重大影响。

第6章　生产者风险感知及偏好对转基因技术接受度的影响

6.1　变量的选取及描述性统计

被解释变量选取了对转基因食品的接受程度和购买意愿,[①] 分别有四道 1—5 分的量表题,取均值后四舍五入得到被解释变量的值,分值越高代表对转基因食品的接受程度越高。解释变量中虚拟变量设定如下:女=1,男=0;家庭成员有小于 7 岁的=1,否则=0;家庭成员有超过 60 岁的

---

① 后续实证发现,对转基因食品的接受程度作为被解释变量,结果更加显著。这或许与生产者不需要过多的购买农产品的身份有关。

＝1,否则＝0;家庭食品购买的主要负责人＝1,否则＝0;已婚＝1,未婚＝0。而其他解释变量设定如下:家庭成员数量;受教育程度(假定受教育程度越高,对转基因作物的接受程度越高);家庭月收入(假定收入与转基因食品的接受度成正比);对食品安全的信任度(1—5 分,分数越高表示信任程度越高);关心的食品安全问题数量(1—7 个,越多表示越风险规避)对转基因食品的认知度(分数越高表示对转基因的了解程度越高);对转基因食品的态度(分数低表示为风险偏好者);基因知识(分数越高,表示基因知识越丰富);风险感知(分数低表示为风险偏好者);$rr1$(经济学实验中系列一的相对风险偏好系数);$rr2$(经济学实验中系列二的相对风险偏好系数)。

6.1.1 变量汇总统计

根据 Lusk(2005)的相对风险偏好计算公式:$U(x) = x^{(1-rr)}/(1-rr)$,结合博彩实验中每一行的概率及收益,利用 MATLAB2016 软件,计算得出每一行的相对风险偏好系数范围。取均值得到每行的相对风险系数 rr。rr 越大,代表对风险越厌恶。以第 1 行为例,若选择选项 B,则一定是因为 $U(B) > U(A)$,那么可以得到如下不等式:

$$0.3\,\frac{8^{1-rr}}{1-rr} + 0.7\,\frac{2^{1-rr}}{1-rr} < 0.1\,\frac{10^{1-rr}}{1-rr} + 0.9\,\frac{0.5^{1-rr}}{1-rr}$$

表 6.1 部分解释变量信息

解释变量	说　明
性别(*gender*)	女＝1,男＝0
婚姻状况(*marriage*)	已婚＝1,未婚＝0
是否有小于 7 周岁的成员(*under 7*)	有小于 7 岁的＝1,否则＝0
是否有大于 60 周岁的成员(*beyond 60*)	有超过 60 岁的＝1,否则＝0
受教育程度(*education*)	小学＝1,初中＝2,高中及技校＝3,本科及大专＝4,硕士研究生以上＝5
是否为食品购买者(*buyer*)	家庭食品购买的主要负责人＝1,否则＝0
对我国食品的信任度(*trust*)	1—5 分
关心的食品安全问题数量(*issue*)	1—7 分
对转基因食品的认知度(*cognition*)	1—11 分
对转基因食品的态度(*attitude*)	1—5 分
基因知识(*knowledge*)	0—4 分
风险感知(*perception*)	1—5 分

之后的每一行都以此类推。具体描述性统计见图 6.1、图 6.2、表 6.2 和表 6.3。

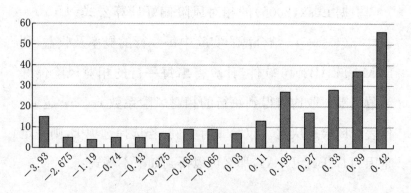

图 6.1 经济学实验系列 1 相对风险偏好系数频数分布

表 6.2 经济学实验的系列 1 和系列 2 的相对风险偏好系数

转变行	$rr1$ 范围	$rr1$	频数	$rr2$ 范围	$rr2$	频数
1	$rr<-3.93$	−3.93	15	$rr<-1.57$	−1.57	74
2	$-3.93<rr<-1.42$	−2.675	5	$-1.57<rr<-0.42$	−0.995	2
3	$-1.42<rr<-0.96$	−1.19	4	$-0.42<rr<0.02$	−0.2	2
4	$-0.96<rr<-0.52$	−0.74	5	$0.02<rr<0.27$	0.145	4
5	$-0.52<rr<-0.34$	−0.43	5	$0.27<rr<0.43$	0.35	2
6	$-0.34<rr<-0.21$	−0.275	7	$0.43<rr<0.55$	0.49	5
7	$-0.21<rr<-0.12$	−0.165	9	$0.55<rr<0.63$	0.59	6
8	$-0.12<rr<-0.01$	−0.065	9	$0.63<rr<0.77$	0.7	16
9	$-0.01<rr<0.07$	0.03	7	$0.77<rr<0.84$	0.805	8
10	$0.07<rr<0.15$	0.11	13	$0.84<rr<0.91$	0.875	12
11	$0.15<rr<0.24$	0.195	27	$0.91<rr<0.96$	0.935	13
12	$0.24<rr<0.30$	0.27	17	$0.96<rr<1$	0.98	13
13	$0.30<rr<0.36$	0.33	28	$1<rr<1.06$	1.03	8
14	$0.36<rr<0.42$	0.39	37	$1.06<rr<1.12$	1.09	13
Never	$0.42<rr$	0.42	56	$1.12<rr$	1.12	66
统计			244			244

可以看出,大部分的受试者为风险规避型:在小概率获得较低收益时,[①]选择了放弃;但随着小概率获得的收益越来越多,更多的人选择"搏一搏",这符合前景理论的"反射效应"。

经济学实验系列 2 的相对风险系数的频数分布与系列 1 有很大的不同,极端的风险规避者和极端的风险偏好者占大多数,这不符合日常的认知。[②]

由表 6.3 可以很直观地得出以下结论:样本中性别的比例比较均衡;受教育程度多为高中以下,符合中国现阶段生产者的实际情况;食品主要购买人和非主要购买人的比例也接近 1∶1;受试者的基因知识比较缺乏,这也与其受教育程度相匹配。

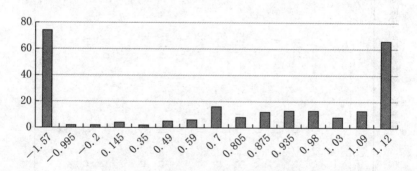

图 6.2 经济学实验系列 2 相对风险偏好系数频数分布

---

① "30%机会获得 8 元,70%机会获得 2 元"与"10%机会获得 10 元,90%机会获得 0.5 元"相比,后者为小概率获得较低收益,但仍比前者收益高。风险偏好者会选择后者。

② 系列 1 中,唯一改变的是 10%机会获得的收益,从 10—100 元;系列 2 中,唯一改变的是 70%机会获得的收益,为 9—35 元。

表 6.3　变量描述性统计

性别(gender)	0.52	是否为食品购买者	0.55
	(−0.5)	(buyer)	(−0.5)
年龄(age)	39.93	对我国食品的信任度	3.1
	(−12.43)	(trust)	(−0.61)
婚姻状况(marriage)	1.23	关心的食品安全问题数量	3.94
	(−0.44)	(issue)	(−2.19)
家庭成员数量(member)	3.9	对转基因食品的认知度	4.79
	(−1.18)	(cognition)	(−1.82)
是否有小于 7 周岁的成员	0.27	对转基因食品的态度	3.2
(under 7)	(−0.45)	(attitude)	(−0.68)
是否有大于 60 周岁的成员	0.51	基因知识	1.36
(beyond 60)	(−0.5)	(knowledge)	(−1.1)
受教育程度(education)	2.93	风险感知	3.27
	(−1.1)	(perception)	(−0.85)
家庭月收入(income)	2.4	系列 1 相对风险偏好系数	0.12
	(−1.87)	(rr1)	(−1.1)
		系列 2 相对风险偏好系数	0.16
		(rr2)	(−1.17)

注:每一项第一行为均值,第二行为标准误。

6.1.2　个体和家庭特征

性别差异可能会导致其做出的选择有所不同,所以实验中有意选取了数量相当的男性和女性,使结果可以更加客观。从结果来看,性别分布较均衡,女性略多于男性,其差距对实验结果的影响微乎其微。由于农村地区的平均结婚年龄为 25 岁,所以选取了该数字作为第一个分界点,之后以 10 岁为截距,25—55 岁为本次实验的年龄集中,不同于还在读书或劳动能力已经有所下降的中老年人,此年龄段多为青壮年劳动力,大部分处于进行生产劳动的阶段,这样可以更加准确地获取生产者对于转基因作物的态度。已婚的被调查对象占比达到了八成,一起生活的家庭成员数量多为 3—5 人,符合农村地区的基本情况,小于 3 人的家庭占比为 37.7%,是因为这部分调查对象多处于新婚不久的阶段,没有孩子和老人。家庭中无 7 岁以下孩子情况较多,有 60 岁以上老人的家庭占比接近 50%,所以这一变量可能会比前者更加显著。年纪较大的受试者受的教育程度多为小学和初中,随着国家相关政策的落实和经济发展,农民的受教育程度也得以提高,所以高中(及技校)和本科(及大专)教育程度的受试者占到了五成以上。家庭月收入集中在 8 000 元以下,且呈现受教育程度越高,收入越高的趋势,家庭中有硕士研究生背景的家庭,月收入甚至能达到 20 000 以上,与城市家庭相差无异。具体数据见表 6.4。

表 6.4　个体和家庭特征统计

	人数	占比(%)	累计百分比(%)
性别			
女(=1)	126	51.64	51.64
男(=0)	118	48.36	100.00
年龄分布			
≤25 岁	42	17.21	17.21
25—35 岁	54	22.13	39.34
35—45 岁	59	24.18	63.52
45—55 岁	62	25.41	88.93
>55 岁	27	11.07	100.00

续表

	人数	占比(%)	累计百分比(%)
婚姻状况			
已婚	188	77.37	77.37
未婚	53	21.81	99.18
离异	2	0.82	100.00
家庭成员数量			
≤3 人	92	37.70	37.70
3—5 人	133	54.51	92.21
>5 人	19	7.79	100.00
家庭中是否有小于 7 周岁的孩子			
否(=0)	180	73.77	73.77
是(=1)	64	26.23	100.00
家庭中是否有大于 60 周岁的老人			
否(=0)	120	49.18	49.18
是(=1)	124	50.82	100.00
受教育程度			
小学及以下	26	10.66	10.66
初中及中专	70	28.69	39.34
高中及技校	53	21.72	61.07
本科及大专	86	35.25	96.31
硕士研究生	9	3.69	100.00
家庭月收入			
4 000 元以下	102	41.80	41.80
4 000—5 999 元	61	25.00	66.80
6 000—7 999 元	34	13.93	80.74
8 000—9 999 元	19	7.79	88.52
10 000—11 999 元	12	4.92	93.44
12 000—13 999 元	6	2.46	95.90
14 000—15 999 元	2	0.82	96.72
16 000—17 999 元	2	0.82	97.54
18 000—19 999 元	2	0.82	98.36
20 000 元及以上	4	1.64	100.00

6.1.3　食品购买和消费习惯

　　家庭食物的主要购买者与非主要购买者占比接近 1∶1，在"购买蔬菜类食品的场所"一项下，我们允许受试者选择多个场所，其中，同时选择超市和农贸市场的人，数量明显多与其他组合。本问卷选取的地区，所种植的农作物多为粮食作物，虽然会自给自足一部分蔬菜，但还是有购买其他蔬菜的需求。可以看出，生产者还是较为注重食品安全，更多地选择了安全性较高的场所来购买蔬菜。购买食品时，检查保质期和成分说明书的频率较高的受试者占到了大约六成。对国家食品质量安全认证的信任度也较高，占比约为 95%，但与此同时，认为目前食品安全存在问题的受试者也占到了八成。在生产者平时关心的食品安全问题中，我们也允许受试者进行多个项目的选择，可以看出，受试者对每个项目的关注度相差不大，相比之下，对转基因食品安全的关心程度最少，有 119 个受试者所关注。但是这并不能说明生产者认为转基因食品的安全性得到了保障，也有可能是因为生产者对转基因食品不够了解，导致日常生活中没有过多地关注。所以，我们在下一个系列中设计了相应的问题，来获得受试者对转基因食品的了解程度。具体数据见表 6.5。

表 6.5　食品购买和消费习惯统计

	人数	占比（%）	累计百分比（%）
家庭中购买食品的主要负责人			
是（＝1）	111	45.49	45.49
否（＝0）	133	54.51	100.00
购买蔬菜类食品的场所			
超市	156	63.93	—
农贸市场	122	50.00	—
街头小贩	72	29.51	—
网购	34	13.93	—
其他	23	9.43	—
购买食品时,检查保质期和成分说明书的频率			
每次都看	79	32.38	32.38
经常看	66	27.05	59.43
有时会看	57	23.36	82.79
看的较少	34	13.93	96.72
完全不看	8	3.28	100.00
对国家食品质量安全认证的信任度			
非常相信	55	22.54	22.54
比较相信	126	51.64	74.18
一般	52	21.31	95.49
比较不相信	10	4.10	99.59
完全不相信	1	0.41	100.00
目前食品安全问题的严重程度			
非常大的问题	40	16.39	16.39
比较存在问题	87	35.66	52.05
一般	72	29.51	81.56
基本没有问题	42	17.21	98.77
完全没有问题	3	1.23	100.00
平常关心的食品安全问题			
药物含量超标	124	50.82	—
违规使用添加剂	161	65.98	—
非食用原料	122	50.00	—
卫生情况	137	56.15	—
转基因食品安全	119	48.77	—
病肉、注水肉、瘦肉精	149	61.07	—
非食用油流入餐桌	143	58.61	—
以上问题都关注	64	26.23	—

6.1.4 对转基因食品的认知

听说过转基因食品的受试者占到了八成以上,但是在具体问到关于转基因食品的相关问题时,能够正确回答的人数却不是很多。第一,在"允许种植和进口的转基因产品"一题中,中国允许种植的转基因农作物有甜椒、西红柿、土豆,允许进口的转基因农作物多达 18 种,回答正确的受试者与回答错误的受试者数量相差不大,但更多的受试者选择了不知道。第二,圣女果是一种原产于南美洲的小型西红柿,栽培历史有上千年;因为甜椒中含有不同类型的花青素,导致了其颜色多样;小南瓜是杂交的产物,这一题的选择和上一题的情况相同,区别在于有更多的人选择了不知道。第三,全球最广泛种植的转基因作物为大豆,其次是玉米和棉花,以及一部分油菜籽,这一题答对的受试者接近55%。虽然有四成左右的受试者认为自己对转基因作物有了解,但是答题的正确数量不多,且接近八成的受试者没有听说过同源转基因,可以看出,生产者对转基因的了解停留在表面,且认识模糊。了解转基因的途径多为互联网和电视广播等大众媒介,此类媒介极易将风险放大。五成以上的受试者会更加相信政府发布的信息,与之前的问题答案相一致。具体数据见表 6.6。

表6.6 生产者对转基因食品认知情况统计

	人数	占比（%）	累计百分比（%）
是否听说过转基因食品			
是（＝1）	203	83.20	83.20
否（＝0）	41	16.80	100.00
允许种植和进口的转基因产品分别是：木瓜、抗虫棉花；棉花、玉米、大豆、油菜、甜菜			
同意	70	28.69	28.69
不同意	64	26.23	54.92
不知道	110	45.08	100.00
是否了解转基因食品			
完全不了解	58	23.77	23.77
比较不了解	80	32.79	56.56
一般	81	33.20	89.75
比较了解	22	9.02	98.77
非常了解	3	1.23	100.00
了解转基因食品的途径			
互联网	134	54.92	—
报纸杂志书籍	68	27.87	—
电视广播	125	51.23	—
专家学者	24	9.84	—
亲朋好友	62	25.41	—
比较信任哪个组织机构			
政府	125	51.23	51.23
环境组织	28	11.48	62.70
科学家	71	29.10	91.80
食品制造商	20	8.20	100.00
是否听说过同源转基因			
是（＝1）	52	21.31	21.31
否（－0）	192	78.69	100.00

	人数	占比(%)	累计百分比(%)
是否吃过转基因食品			
是(=1)	98	40.16	40.16
否(=0)	49	20.08	60.25
不知道	97	39.75	100.00
圣女果、大彩椒、小南瓜都是转基因食品吗?			
是(=1)	42	17.21	17.21
否(=0)	48	19.67	36.89
不知道	154	63.11	100.00
全球最广泛种植的转基因作物是什么?			
大豆	133	54.51	54.51
玉米	57	23.36	77.87
棉花	23	9.43	87.30
油菜籽	31	12.70	100.00

6.1.5 对转基因食品的态度

八成以上的受试者认为转基因食品需要贴标签,但也有一成的受试者认为是否贴标签对他们来说没有区别,接近50%的受试者并不是很担心转基因食品的安全问题,且八成的受试者对转基因食品的前景有信心。虽然如此,仍有七成以上的受试者会在生活中选择规避转基因食品,在选择规避转基因食品的受试者中,更多的人选择了少吃,而非不吃这种更为极端的选择,可以看出,生产者对于转基因食品的接受程度不是特别低。我们给出了世界卫生组织、欧盟以及美国食品和药品管理局对于转基因食品的相关陈述时,较少的受试者倾向于认同积极评价转基因食品的陈述,在欧盟和美国两种截然相反的陈述面前,更多的人选择了应区别对待转基因食品与传统作物生产的食品。综上所述,生产者对转基因食品的前景和安全性具有一定的信心,但也比较理性,选择了与传统作物区别对待的做法。具体数据见表 6.7。

表 6.7　生产者对转基因食品的态度统计

	人数	占比(%)	累计百分比(%)
转基因食品需要强制贴标签吗			
需要	203	83.20	83.20
不需要	15	6.15	89.34
无所谓	26	10.66	100.00
是否担心转基因食品的安全问题			
完全不担心	16	6.56	6.56
比较不担心	49	20.08	26.64
一般	46	18.85	45.49
比较担心	93	38.11	83.61
非常担心	40	16.39	100.00
对转基因食品的前景有信心吗			
非常有信心	39	15.98	15.98
比较有信心	37	15.16	31.15
一般	120	49.18	80.33
比较没信心	26	10.66	90.98
完全没信心	22	9.02	100.00

	人数	占比(%)	累计百分比(%)
世卫组织对转基因食品安全性的积极评价			
完全认同	32	13.11	13.11
比较认同	45	18.44	31.56
一般	104	42.62	74.18
比较不认同	40	16.39	90.57
完全不认同	23	9.43	100.00
欧盟认为转基因食品的安全性应从源头把控,应和传统作物区别对待			
完全认同	61	25.00	25.00
比较认同	72	29.51	54.51
一般	85	34.84	89.34
比较不认同	16	6.56	95.90
完全不认同	10	4.10	100.00
美国对转基因食品的管理方法和传统作物一致			
完全认同	23	9.43	9.43
比较认同	38	15.57	25.00
一般	97	39.75	64.75
比较不认同	50	20.49	85.25
完全不认同	36	14.75	100.00
是否规避转基因食品			
是(=1)	181	74.18	74.18
否(=0)	63	25.82	100.00
规避转基因食品的方式			
完全不吃	76	41.99	——
少吃	105	58.01	——

6.1.6 基因知识的丰富程度

本问卷设置了一系列关于基因知识的问题,来获知生产者对于此类问题的了解程度。对"孩子的性别由父亲的基因决定""西红柿中不含基因,转基因西红柿中含有基因"
"不可能把动物的基因转移到植物上""杂交水稻利用的就
是转基因技术"四个问题进行判断。其中,一题都未答对的
人占到了 22.54％,六成的人只答对一半,这和生产者的受
教育程度也相匹配。具体数据见表 6.8。

表 6.8　生产者对基因知识了解程度统计

回答正确的数量	人数	占比（%）	累计百分比（%）
0	55	22.54	22.54
1	98	40.16	62.70
2	52	21.31	84.02
3	27	11.07	95.08
4	12	4.92	100.00

6.1.7　风险感知

在风险感知的系列中,本问卷设置了七道量表题,从
1—5 分,分别代表了"强烈不同意""比较不同意""同意""比
较同意""强烈同意"。从结果分布来看,受试者的风险感知
能力呈现出比较中立的态度,每一道量表题的"3"这个程度
都得到了更多的选择,且都在四成左右,分别为 35.66％、
42.62％、41.39％、39.34％、39.75％、40.16％、36.89％。
值得注意的是,六成的受试者认为国家对转基因食品安全
的控制是足够的,再一次与之前问题中关于对国家和政府
的信任程度相呼应,说明中国在食品安全方面做出的成绩
在生产者领域得到了一定的认同。具体数据见表 6.9。

表 6.9 生产者风险感知统计

	人数	占比(%)	累计百分比(%)
食品生产中的基因改造可能会对我和我的家人带来风险			
1	25	10.25	10.25
2	30	12.30	22.54
3	87	35.66	58.20
4	32	13.11	71.31
5	70	28.69	100.00
国家对转基因食品安全的控制是足够的			
1	35	14.34	14.34
2	25	10.25	24.59
3	104	42.62	67.21
4	46	18.85	86.07
5	34	13.93	100.00
食品生产中的基因改造可能给人类带来新的疾病			
1	17	6.97	6.97
2	27	11.07	18.03
3	101	41.39	59.43
4	32	13.11	72.54
5	67	27.46	100.00
转基因食品的推广会造成基因污染或环境污染			
1	19	7.79	7.79
2	32	13.11	20.90
3	96	39.34	60.25
4	40	16.39	76.64
5	57	23.36	100.00
转基因技术会破坏自然选择			
1	34	13.93	13.93
2	28	11.48	25.41
3	97	39.75	65.16
4	34	13.93	79.10
5	51	20.90	100.00

	人数	占比（%）	累计百分比（%）
食用转基因作物会有过敏反应			
1	27	11.07	11.07
2	34	13.93	25.00
3	98	40.16	65.16
4	47	19.26	84.43
5	38	15.57	100.00
经常食用转基因作物会对后代产生不确定影响			
1	30	12.30	12.30
2	15	6.15	18.44
3	90	36.89	55.33
4	34	13.93	69.26
5	75	30.74	100.00

6.1.8　对转基因食品的接受程度

　　为了再一次进行验证,本问卷设计了生产者对转基因食品接受程度的量表题,约45%的受试者表示愿意接受,但是只有不到一成的受试者会向其他人推荐转基因食品,同样的,九成以上的受试者表示不赞同国家大批量进口转基因产品,两成的受试者表示支持发展转基因食品。与上一系列相比,生产者对转基因食品的接受程度有所下降,只有涉及自身选择时,受试者的接受程度更高,但是对于推荐给别人甚至在国家层面上的食品安全问题时,受试者表现得保守了许多。说明生产者在进行技术采纳时,并不完全以市场为导向,仍然会考虑的更全面和深入,具有较高的理性程度和风险规避心理。具体数据见表 6.10。

表 6.10　生产者对转基因食品的接受程度的统计

	人数	占比(%)	累计百分比(%)
愿意接受转基因食品			
1	90	36.89	36.89
2	46	18.85	55.74
3	78	31.97	87.70
4	15	6.15	93.85
5	15	6.15	100.00
会向其他人推荐转基因食品			
1	82	33.61	33.61
2	64	26.23	59.84
3	77	31.56	91.39
4	17	6.97	98.36
5	4	1.64	100.00
赞同我国大批量进口转基因食品			
1	82	33.61	33.61
2	57	23.36	56.97
3	83	34.02	90.98
4	13	5.33	96.31
5	9	3.69	100.00
支持发展转基因食品			
1	75	30.74	30.74
2	40	16.39	47.13
3	79	32.38	79.51
4	25	10.25	89.75
5	25	10.25	100.00

6.2 回归结果

从经济学实验系列 1 的回归结果中(表 6.2 的第 2、第 3
列),我们可以得到以下结论:

第一,通常来说,女性在风险面前,会比男性表现得更
加保守,但是通过实证检验发现:在其他条件不变的情况
下,女性对转基因作物的接受度比男性高 17.9%,这与之前
的研究结论相反。中国的农业地区家庭目前呈现这样一种
状态:①女性留守从事农业活动,男性多以"农民工"的身份
在大城市从事建筑活动以补贴家用,农忙时节再返乡。相
比较之前,女性的权利和在家庭中的话语权有了较大提升,
从而不再那么规避风险,这可以解释为什么出现了和之前
的研究相反的状况。

第二,随着年龄的增加,农民对转基因作物的接受程
度在下降。在中国农村地区,年长一辈受教育程度更低,
加之本书的样本来自山西省和河南省这类生产活动基于
土地的劳动者,从心理学的角度分析,更加依赖土地的生
产者往往追求稳定,会比依靠水域的生产者表现出更强的
风险规避。

---

① 河南省的普遍状况。

第三,相比有家庭的人来说,未婚的人更具有冒险精神,所以未婚的人比已婚的人接受程度高 1.4%;家庭人员的数量越多,接受度就越高;同时,家庭成员中如果有未满 7 岁的儿童或超过 60 岁的老人时,往往更加注意身体健康状况,更容易受到家人的影响,风险厌恶的程度较高,更倾向于不接受转基因作物。

第四,受教育程度越高、对于基因方面知识越丰富的受试者,更加了解转基因作物的优点,对其的接受程度就越高;收入越高的人群,更愿意接受转基因作物,这与前一点相互印证,因为收入与受教育程度通常呈正比,这在之后会详细解释。关心的食品安全问题越多,表明更加谨慎,对转基因的接受度就越低;对国内食品的信任度(*trust*)表示购买习惯,其分值越大,表明对国内的食品安全越放心,所以接受转基因作物的程度就越高,符合预期;对待转基因食品的态度(attitude)越谨慎、风险感知(*perception*)的能力越强,就会对转基因作物更加担心,这会降低接受程度。其中,受教育程度(*education*)、对国内食品的信任度(*trust*)、对转基因食品的认知度(*cognition*)、对转基因食品的态度(*attitude*)这几项自变量在经济学实验系列 1 和系列 2 的回归中均显著。假设 1 得到验证。

对系列 2 回归后发现,大部分结果与系列 1 吻合,但是相对风险系数不再显著,且 Pseudo r^2 降低,这与之前描述性统计中出现的异常现象或许有关,这是本书的不足,在以后的研究中可以继续完善。

表 6.11　基于经济学实验系列 1、系列 2 的回归结果

接受程度	Probit 回归结果		稳健性检验回归结果	
	系列 1	系列 2	系列 1	系列 2
相对风险系数	−0.197***	−0.086	−0.094	−0.083
性别	0.179	0.178	0.249	0.256
年龄	−0.004	−0.004	−0.004	−0.003
婚姻状况	0.014	0.024	−0.031	−0.035
家庭成员数量	0.002	−0.013	−0.016	−0.023
是否有小于 7 岁的成员	−0.006	0.004	0.085	0.094
是否有大于 60 岁的成员	−0.193	−0.248	−0.099	−0.122
受教育程度	0.23***	0.216***	0.27***	0.258***
收入	0.006	0.028	0.044	0.056
是否是食品主要采购者	−0.232	−0.288*	−0.456**	−0.476**
对国内食品的信任度	0.282**	0.276**	0.131	0.127
关心的食品安全问题数量	−0.052	−0.043	−0.07*	−0.061
对转基因食品的认知度	−0.095**	−0.093**	−0.053	−0.048
对转基因食品的态度	−0.687***	−0.677***	−0.68***	−0.673***
基因知识	0.022	0.029	−0.094	−0.091
风险感知	−0.046	−0.055	−0.109	−0.123
Pseudo r^2	0.133	0.123	0.135	0.136

注:*** $p<0.01$,** $p<0.05$,* $p<0.1$。

转变行越靠后,意味着对损失更加敏感,[1]图 6.3 可以看出大部分人为风险规避者,在一定会导致负回报的彩票选择中,生产者在面对 50% 的亏损概率时,与只有正收益时的风险偏好选择相比,更倾向于规避风险。

_____

① 转变行是 8 意味着游戏参与者只选择了选项 A,选择从未发生改变。

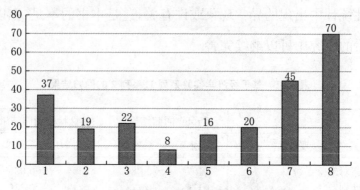

图 6.3　经济学实验系列 3 转变行的频率分布

　　考虑到在实验过程中,博彩实验被放置在整个实验的最后,此时受试者的耐心程度和注意力不可避免的有所下降,或并未完全理解游戏规则,所以出现了一部分受试者只选择选项 A 或只选择选项 B 的情况,这给回归增加噪音。为避免这一部分样本可能会对结果带来的不利影响,作为稳健性检验,将 19% 的个体从样本中剔除,回归结果如表 6.4 的第 4 行、第 5 行所示。剔除掉对回归结果可能存在干扰的观测值之后,可以发现 Pseudo r^2 变大,对回归的解释能力增强,证明这一部分观测确实存在干扰,但是影响不大,通过了稳健性检验。

　　为了克服变量之间可能存在的多重共线性问题,通过对第一阶段回归系数的分析,选取了解释能力较强的五个变量,在有序 probit 回归的基础上,通过夏普利值分解法,测度了各关键变量对被解释变量的解释贡献率,结果如

表 6.12 所示。

表 6.12　显著变量的夏普利值分解结果

接受程度	系列 1	系列 1 夏普利值(%)	系列 2	系列 2 夏普利值(%)
相对风险偏好	−0.228***	15.59	−0.106	7.24
受教育程度	0.281***	21.92	0.283***	25.00
对国内食品的信任度	0.296***	7.64	0.284***	8.38
对转基因食品的认知度	−0.091***	3.13	−0.085***	3.24
对转基因食品的态度	−0.711***	51.71	−0.675***	56.13
Pseudo r-squared	0.119 1	—	0.104 6	—

除系列 2 的相对风险偏好系数外,各变量均显著,且方向与第一阶段的结果相同。进行夏普利值分解后,可以看出:在两个系列中主观态度的解释能力均达到了 50% 以上,受教育程度次之。

此外,基于 r^2 的夏普利值分解方法,还可以对变量进行分组,本研究将解释变量分为五组,其中性别(gender)、年龄(age)、婚姻状况(marriage)、是否为食品购买者(buyer)记为个体特征;家庭成员数量(member)、是否有小于 7 岁的成员(under7)、是否有大于 60 岁的成员(beyond60)、家庭月收入(income)记为家庭特征;教育程度(education)、对转基因食品的认知度(cognition)、基因知识(knowledge)记为受教育程度;对中国食品安全的信任度(trust)、关心的食品安全问题数量(issue)、风险感知(perception)、对转基因食品的态度(attitude)记为个人习惯偏好;相对风险系数为单独一组。分解结果见表 6.13。[①]

表 6.13　基于夏普利值分解的各因素贡献率

	系列 1(%)	系列 2(%)
个体特征	**16.15**	**17.50**
性别	0.8	0.87
年龄	6.02	6.52
婚姻状况	5.52	5.98
是否是食品主要采购者	3.81	4.13
家庭特征	**3.48**	**3.76**
家庭成员数量	0.06	0.06
是否有小于 7 岁的成员	0.32	0.34
是否有大于 60 岁的成员	2.51	2.72
家庭月收入	0.59	0.64
受教育程度	**16.13**	**17.46**
学历	12.63	13.67
对转基因食品的认知度	2.69	2.91
基因知识	0.81	0.88
习惯偏好	**53.84**	**58.29**
对国内食品的信任度	5.11	5.53
关心的食品安全问题数量	6.30	6.82
风险感知	2.43	2.63
对转基因食品的态度	40.00	43.31
相对风险系数	**11.28**	**4.93**

对全部变量进行分解后,不管是以经济学实验的系列 1 还是系列 2 的相对风险系数为基础,对转基因食品认知度(*attitude*)和受教育程度(*education*)的贡献率均有所下降,但是占比仍然是最大的(40%以上,12%以上),与表 6.13 的结果吻合。

---

① 夏普利值分解后,各维度贡献率总和应为 100%,但分组后,由于存在计算误差,所以总和接近 100%,属正常现象。

第 7 章　结论与建议

7.1　研究结论

　　生产者维度的研究发现:风险厌恶程度较高的生产者倾向于不种植转基因作物,风险厌恶程度较低的生产者能够通过技术创新来积累更多财富。研究结果表明:第一,大部分生产者都是风险厌恶的;第二,农民的感知风险和潜在损失会影响他们的技术采用决策,面对损失时,受试者对于风险厌恶表现的更加敏感;第三,个体特征不同,风险厌恶的程度就不同。女性生产者对转基因食品的接受程度更高;受教育程度越高、基因方面的知识越丰富,对转基因作物的接受程度就越高;随着年龄的增加,农民对转基因作物的接受程度在下降;收入越高的人群,更愿意接受转基因作物。

消费者维度的研究发现:第一,从个体特征的分析中可以看出,只有 19 个被调研者没有听说过转基因食品,占样本的 4.2%,说明转基因食品并没有完全普及给广大消费者。对于转基因食品的了解程度,有超过一半的人都选择了一般了解,比较了解和非常了解的人只占样本的 10.6%,消费者对转基因的了解程度不太高,转基因食品的科普工作任重而道远。

第二,在模型一中,风险感知分为四个维度,心理风险、健康风险、环境风险、社会风险,其中社会风险需要反向编码。心理风险、环境风险、社会风险感知均显著抑制消费者对转基因食品接受程度,健康风险感知与消费者对转基因食品的接受程度并无显著相关关系。心理风险、环境风险、健康风险、社会风险四个感知维度对转基因食品购买意愿具有抑制效果,即风险感知级别越高,消费者对转基因食品的购买意愿越低,反之,风险感知级别越低,消费者对转基因食品购买意愿越高。

第三,在模型二、模型三、模型四中,将心理风险感知、健康风险感知、环境风险感知、社会风险感知编码成一个新的风险感知变量,反向编码社会风险感知,使用有序 Probit 回归模型研究与消费者接受程度和购买意愿的关系。在模型二中,研究结果显示,消费者的风险感知对转基因食品的接受程度和购买意愿均具有抑制作用,即风险感知程度越高,消费者对转基因食品的接受程度越低,反之风险感知越低对消费者的接受程度越高。风险偏好与消费者的接受程度呈显著的反向相关关系,但与转基因食品的购买意愿并无显著相关关系。在模型三中,只有风险感知对消费者的接受程度和购买意愿的回归结果显著,风险感知显著抑制消费者对转基因食品的接受程度和购买意愿。风险偏好的回归结果并不显著。在模型四中,风险感知和风险偏好的交互作用共同影响消费者,对转基因食品的接受程度和购买意愿均呈反方向的抑制作用。从回归结果可以看出,风险感知的影响程度要高于风险偏好对转基因食品接受程度和购买意愿的影响程度。

第四,通过设计经济学实验引出风险偏好系数,$rr<0$表示风险偏好型,$rr=0$表示风险中性,$rr>0$表示风险规避型。从问卷收集到的数据可以看出,$rr>0$(也就是风险规避型)有287人,占到总样本的66%,也就是说,大多数的消费者都是风险规避型的。

7.2 政策建议

第一,提高对转基因食品的市场宣传工作力度,提高对消费者的科学认知能力。由于消费者普遍对转基因技术了解程度不深,缺乏相关知识,从而导致风险感知较高。调查结果显示,上海的消费者对转基因食品的了解还不够全面,说明相关知识的普及有待加强,上海这种一线城市如此,那么在经济相对没那么发达的地区对转基因知识的宣传可能更少。所以,要进一步加强转基因食品全方位宣传工作,相关单位可以通过开展风丰富多彩的宣传教育活动,提升广大消费者对于转基因食品的相关知识认知。

第二,加强对网络转基因食品信息的监管,确保信息的科学性、准确性。从问卷的结果来看,消费者从互联网获取信息的比重较高。互联网时代,信息快速传播,多元化的信息传播通常会掺杂着许多似是而非的内容,而消费者对转基因食品认识不深,且对相关信息分辨能力、风险预估有限的情况下,任何虚假、不实的消息都可能通过"以讹传讹"的形式影响消费者对转基因食品的风险评估,并最终影响中国转基因技术的发展。因此,要更加严格管理网络媒体对转基因信息的传播,确保内容的准确性和科学性,引导消费者正确了解转基因食品的发展。

第三,政府部门应该继续加大对允许进入商业化种植的转基因食品和转基因农产品技术的监管力度,对非法生产和种植转基因农作物的任何个人或企业都要进行严厉处罚,加强对转基因农产品的安全质量检验、技术性检测以及安全性能评级,将结果透明化,让广大消费者加强认识和了解，感受到政府为此做出的努力，从而增强广大消费者的信心，更好地促进转基因食品的健康发展。

第四，转基因技术具有争议性，国家应该在大力发展转基因技术的同时，关注其技术和社会之间的相互交流和关联性。将技术发展融入社会发展的大背景下，进行总体规划和发展。充分重视社会价值观、社会文化，以及社会舆论对争议性技术的影响。并采取切合实际的措施，加强与文化有关的建设。在我们开展转基因食品及其他相关科普研究工作的过程中，除了必须做好转基因食品本身的报道外，还要高度重视对人民群众科学技术价值观的培养，以人与自然为导向引领消费者。

第五，作物保险有可能被用来减少部分由于采用新技术而带来的风险和损失。但是保险的设计和实施具有挑战性，应该最大程度地减少逆向选择和道德风险问题，同时说明要足够简单，使低教育水平的生产者能够理解（风险厌恶程度更高的个人投保率更高）。

参考文献

[1] 陈栋、周新桥、江振河:《转基因植物生态风险研究进展》,《广东农业科学》2004 年第 4 期。

[2] 董园园、齐振宏、张董敏等:《转基因食品感知风险对消费者购买意愿的影响研究——基于武汉市消费者的调查分析》,《中国农业大学学报》2014 年第 3 期。

[3] 段灿星、孙素丽、朱振东:《全球转基因作物的发展状况》,《科技传播》2020 年第 24 期。

[4] 段武德:《对农作物转基因生物安全性问题争论的探究》,《农业环境与发展》2007 年第 6 期。

[5] 郭际、吴先华、叶卫美:《转基因食品消费者购买意愿实证研究——基于产品知识、感知利得、感知风险和减少风险策略的视角》,《技术经济与管理研究》2013 年第 9 期。

[6] 郭建英、万方浩、韩召军:《转基因植物的生态安全性风险》,《中国生态农业学报》2008 年第 2 期。

[7] 胡典顺、朱展霖:《基于 SPSS 与 AMOS 的问卷信度效度检验——以数学焦虑、数学态度和数学效能的关系研究为例》,《教育测量与评价》2020 年第 11 期。

[8] 胡慧宇:《转基因技术介绍》,《饲料博览》2020 年第 11 期。

[9] 黄崇福、刘安林、王野:《灾害风险基本定义的探讨》,《自然灾害学报》2010 年第 6 期。

[10] 黄季焜、仇焕广、白军飞等:《中国城市消费者对转基因食品的认知程度、接受程度和购买意愿》,《中国软科学》2006 年第 2 期。

[11] 赖家业、刘凯、兰健:《转基因植物的生态安全性》,《广西科学》2005 年第 2 期。

[12] 李宗泰:《消费者对转基因食品的风险认知和购买行为探讨》,《管理观察》2019 年第 32 期。

[13] 刘旭霞、刘鑫:《中国湖北农户种植转基因水稻意愿实证调查》,《湖北社会科学》2013 年第 11 期。

[14] 陆倩、孙剑:《农户关于转基因作物的认知对种植意愿的影响研究》,《中国农业大学学报》2014 年第 3 期。

[15] 马述忠、黄祖辉:《农户、政府及转基因食品——对我国农民转基因作物种植意向的分析》,《中国农村经济》2003 年第 4 期。

[16] 毛新志、王培培、张萌:《我国公众对转基因食品社会评价的调查与分析——基于湖北省的问卷调查》,《华中农业大学学报(社会科学版)》2011 年第 5 期。

[17] 孟博、刘茂、李清水等:《风险感知理论模型及影响因子分析》,《中国安全科学学报》2010 年第 10 期。

[18] 齐振宏、周慧：《消费者对转基因食品认知的实证分析——以武汉市为例》，《中国农村观察》2010 年第 6 期。

[19] 齐振宏、周萍人、冯良宣等：《公众和科学家对 GMF 风险认知的比较研究》，《中国农业大学学报》2013 年第 5 期。

[20] 曲瑛德、陈源泉、侯云鹏等：《我国转基因生物安全调查·公众对转基因生物安全与风险的认知》，《中国农业大学学报》2011 年第 6 期。

[21] 沈露露、程景民、李莉：《山西省消费者转基因食品认知现状及接受意愿分析》，《中国公共卫生》2021 年第 2 期。

[22] 宋军、胡瑞法、黄季琨：《农民的农业技术选择行为分析》，《农业技术经济》1998 年第 6 期。

[23] 庹思伟：《期望效用理论浅述》，《时代金融》2015 年第 30 期。

[24] 王彦博、朱晓艳：《上海市居民转基因食品认知与购买意愿研究》，《现代商业》2018 年第 2 期。

[25] 文培娜：《基于行为经济学的职务舞弊行为研究》，《中国市场》2019 年第 15 期。

[26] 吴丽业、闫茂华：《浅析转基因食品与人类健康》，《中学生物学》2009 年第 6 期。

[27] 吴童、霞丽、董耀：《基于 logistic 回归模型的大学生透支消费问题研究——以蚂蚁花呗为例》，《产业创新研究》2020 年第 19 期。

[28] 项高悦、曾智、沈永健等：《消费者对转基因食品的风险感知及购买意愿研究——基于南京市消费者调查数据分析》，《食品工业》2016 年第 8 期。

[29] 熊家豪、牟劲松、赵淑英等：《我国大学生健康素养问卷的研

制及信度和效度评价》,《中国卫生统计》2018 年第 4 期。

[30] 徐家鹏、闫振宇:《农民对转基因技术的认知及转基因主粮的潜在生产意愿分析——以湖北地区种粮农户为考察对象》,《中国科技论坛》2010 年第 11 期。

[31] 薛艳、郭淑静、徐志刚:《经济效益、风险态度与农户转基因作物种植意愿——对中国五省 723 户农户的实地调查》,《南京农业大学学报:社会科学版》2014 年第 14 卷第 4 期。

[32] 姚东旻、李嘉晟、李军林:《如何讨论转基因食品的"需求曲线"——人类不确定状态下的行为决策》,《南开经济研究》2017 年第 6 期。

[33] 殷志扬、程培堽、袁小慧等:《消费者对转基因食品购买意愿的形成:理论模型与实证检验》,《消费经济》2012 年第 3 期。

[34] 詹文杰、汪寿阳:《维农·史密斯与实验经济学》,《中外管理导报》2002 年第 10 期。

[35] 张兵、周彬:《欠发达地区农户科技投入的支付意愿及影响因素分析——基于江苏省灌南县农户的实证研究》,《农业经济问题》2006 年第 1 期。

[36] 中国生物工程杂志:《2019 年全球生物技术/转基因作物商业化发展态势》2021 年第 4 期。

[37] 周萍入、齐振宏:《消费者对转基因食品健康风险与生态风险认知实证研究》,《华中农业大学学报(社会科学版)》2012 年第 1 期。

[38] 周曙东、卞琦娟、朱红根、王玉霞:《水稻经营大户对有偿农技服务支付意愿的影响因素分析——基于江西省户种稻大户数据》,《南京农业大学学报(社会科学版)》2008 年第 3 期。

[39] 朱庆:《费农·史密斯与实验经济学》,《外国经济与管理》2002 年第 11 期。

[40] 朱诗音:《稻农对转基因水稻的认知、种植意愿及影响因素研究——基于江苏省淮安市稻农的实证分析》,《科技管理研究》2011 年第 21 期。

[41] 左文中、张小强、董明辉:《水稻优质无公害生产技术推广的微观机制与对策研究——以江苏省为例》,《现代农业科技》2008 年第 22 期。

[42] Abraham, T.A., B.Robert, and S.Norbert, 2001, *Blackwell Handbook of Social Psychology: Intraindividual Processes*, Blackwell Publishers.

[43] Aleksejeva, I., 2012, "Genetically Modified Organisms: Risk Perception and Willingness to Buy GM Products", *Management Theory and Studies for Rural Business and Infrastructure Development*, 33(4), 5—9.

[44] Andersen, S., G. W. Harrison, M. I. Lau, et al., 2008, "Eliciting Risk and Time Preferences", *Econometrica*, 76(3), 583—618.

[45] Andreoni, J., W. T. Harbaugh, and L. Vesterlund, 2010, *Altruism in Experiments*, Palgrave Macmillan, London, 6—13.

[46] Bauer, R.A., 1960, "Consumer Behavior as Risk Taking. In RS Hancock(Ed.), Dynamic Marketing for a Changing World", Proceedings of the 43rd National Conference of the American Marketing Association.

[47] BechLarsen, T., and K. G. Grunert, 2000, "Can Health Benefits Break Down Nordic Consumers' Rejection of Genetically Modified Foods? A Conjointstudy of Danish, Norwegian, Swedish and Finnish Consumers Preferences for Hard Cheese. Larsen".

[48] Binswanger, H. P., 1980, "Attitudes toward Risk: Experimental Measurement in Rural India", *American Journal of Agricultural Economics*, 62(3), 395—407.

[49] Binswanger-Mkhize, H. P., 1981, "Attitudes Toward Risk: Theoretical Implications of an Experiment in Rural India", *Economic Journal*, 91(364), 867—890.

[50] Bredahl, L., 1999, "Consumers Cognitions with Regard to Genetically Modified Foods. Results of a Qualitative Study in Four Countries", *Appetite*, 1999, 33 (3), 343—360.

[51] Cox, D. F, 1969, "Risk Taking and Information Handling in Consumer Behavior", *Journal of Marketing Research*, 6(1), 110.

[52] De Steur, H., et al., 2010, "Willingness-to-Accept and Purchase Genetically Modified Rice with High Folate Content in Shanxi Province, China", *Appetite*, 54 (1), 118—125.

[53] Dowling, G. R., and R. Staelin, 1994, "A Model of Perceived Risk and Intended Risk-handling Activity", *Journal of Consumer Research*, 21(1), 119—134.

[54] Eckel, C.C., and P.J.Grossman, 2002, "Sex Differences and Statistical Stereotyping in Attitudes toward Financial Risk", *Evolution and Human Behavior*, 23(4), 281—295.

[55] Featherman, M., and P. A. Savlou, 2003, "Predicting E-services Adoption: a Perceived Risk Facets Perspective", *International Journal of Human-Computer Studies*, 59, 451—474.

[56] Gneezy, U., and J. Potters, 1997, "An Experiment on Risk Taking and Evaluation Periods", *Quarterly Journal of Economics*, 112(2), 631—645.

[57] Harrison, G.W., M.I.Lau, E.E.Rutström, and M.B.Sullivan, 2005, "Eliciting Risk and Time Preferences Using Field Experiments: Some Methodological Issues", *Field Experiments in Economics*, 10(4), 583—618.

[58] Holt, C.A., and S.K.Laury, 2002, "Risk Aversion and Incentive Effects", *American Economic Review*, 92, 1644—1655.

[59] Honkanen, P., and B.Verplanken, 2004, "Understanding Attitudes towards Genetically Modified Food: the Role of Values and Attitudes Strength", *Journal of Consumer Policy*, 27, 401—420.

[60] Kikulwe, E., E. Birol, J. Wesseler, et al., 2009, "A Latent Class Approach to Investigating Consumer Demand for Genetically Modified Staple Food in a Developing Country, FPRI Discussion Papers.

[61] Lejuez, C.W., W.M.Aklin, M.J.Zvolensky, and C.M.Pedulla, 2003, "Evaluation of the Balloon Analogue Risk Task(BART) as a Predictor of Adolescent Real-world Risk-taking Behaviours", *Journal of Adolescence*, 26(4), 475—479.

[62] Likert Scale, 2014, Simplypsychology.org.

[63] Likert Scale, A History, April 28-May1, 2005, Proceedings of the 12th Conference on Historical Analysis and Research in Marketing (CHARM). California, USA.

[64] Liu, E.M., 2013, "Time to Change What to Sow: Risk Preferences and Technology Adoption Decisions of Cotton Farmers in China", *Review of Economics and Statistics*, 95(4), 1386—1403.

[65] Lusk, J.L., and K.H.Coble, 2005, "Risk Perceptions, Risk Preference, and Acceptance of Risky Food", *American Journal of Agricultural Economics*, 87(2), 393—405.

[66] Lusk, J.L., L.O.House, C.Valli, S.R.Jaeger, M.Moore, B.Morrow, and W.B.Traill, 2004, "Effect of Information about Benefits of Biotechnology on Consumer Acceptance of Genetically Modified Food: Evidence from Experimental Auctions in United States, England, and France", *European Review of Agricultural Economics*, 31, 179—204.

[67] Marques, Matthew D., R.Critchley Christine, and Jarrod Walshe, 2015, "Attitudes to Genetically Modified Food over Time: How Trust in Organisations and the Media

Cycle Predict Support", *Public Understanding of Science*, 24, 601—618.

[68] Montserrat, Costa-Font, José, M., and Gil, 2009, "Structural Equation Modelling of Consumer Acceptance of Genetically Modified(GM) Food in the Mediterranean Europe: A Cross Country Study", *Food Quality and Preference*, 20(6), 399—409.

[69] Perrin, A., 2015, "Social Media Usage", *Pew Research Center*, 125, 52—68.

[70] Plott, Charles R., L. Vernon Smith, 1978. "An Experimental Examination of Two Exchange Institutions." *The Review of Economic Studies*, 45(1):133—153.

[71] Poortinga, Wouter, and Nich F.Pidgeon, 2005, "Trust in Risk Regulation: Cause or Consequence of the Acceptability of GM Food?", *Risk Analysis: an International Journal*, 25(1), 199—209.

[72] Reynaud, A., S.Couture, 2012, "Stability of Risk Preference Measures: Results from a Field Experiment on French Farmers", *Theory and Decision*, 73(2), 203—221.

[73] Rimal, Arbindra, O.Benjamin, 2011, "Purchasing Locally Produced Fresh Vegetables: National Franchise vs. Locally Owned and Operated Restaurants", Annual Meeting, July 24—26, 2011, Pittsburgh, Pennsylvania Agricultural and Applied Economics Association.

[74] Sall, S., D. Norman, and A. M. Fe Atherstone, 2000,

"Quantitative Assessment of Improved Rice Variety Adoption: the Farmer's Perspective", *Agricultural Systems*, 66, 2:129—144.

[75] Szczurowska, T., 2005, Poles on Biotechnology and Genetic Engineering. TNS OBOP, Plant Breeding and Acclimatization Institute, Radzikow.

[76] Szrek, H., L.W.Chao, S.Ramlagan, and K.Peltzer, 2012, "Predicting (un)Healthy Behavior: a Comparison of Risk-taking Propensity Measures", *Judgment and Decision Making*, 7(6), 716—727.

附录　调查问卷

亲爱的朋友：

您好！感谢您抽出宝贵的时间来参与该问卷调查！

本次问卷调查包括三部分，第一部分是个人基本特征；第二部分是研究消费者的风险感知、风险偏好及对转基因食品的购买意愿；第三部分是研究消费者在购买猪肉及鸡肉是受哪些因素的影响。

该问卷是以选择的方式来进行的，您所做的选择没有对错与好坏之分，只需要按照您真实的想法进行选择。

本问卷采用匿名的作答方式，您所做出的选择与个人资料将仅用于学术研究。

衷心感谢您的协助！

一、个人基本资料

1. 您所在的区域是_____。

2. 您的性别是_____。

① 男　② 女

3. 您的年龄是_____周岁。

4. 您的婚姻状况为_____。

① 已婚　② 未婚　③ 离异　④ 丧偶

5. 您的职业是_____。

① 自由职业者　② 农林牧副渔工作者　③ 普通工人　④ 个体工商户等私营　⑤ 医生、律师、教师等专业技术人员　⑥ 政府、事业单位等公职人员　⑦ 无职业　⑧ 退休/退伍/退役人员　⑨ 其他(请注明)_____

6. 您的家庭户主职业是_____。

① 政府部门　② 企业公司　③ 自由职业　④ 其他(请注明)

7. 您的家庭中有_____名成员(一起居住)。

8. 家庭中是否有孩子(小于7周岁)? _____

① 是　② 否

9. 家庭中是否有老人(大于60周岁)? _____

① 是　② 否

10. 您目前的受教育程度是_____。

① 小学及以下　② 初中及中专　③ 高中及技校

④ 本科及大专　⑤ 硕士研究生以上

11. 您的家庭月收入是_____。

① 4 000 元及以下　② 4 000—5 999 元　③ 6 000—7 999 元　④ 8 000—9 999 元　⑤ 10 000—11 999 元　⑥ 12 000—13 999 元　⑦ 14 000—15 999 元　⑧ 16 000—17 999 元　⑨ 18 000—19 999 元　⑩ 20 000 元及以上

二、食品购买和消费习惯

1. 您在您的家庭中是购买食品的主要负责人吗？ _____
① 是　② 否

2. 您通常在哪购买蔬菜类食品？（可多选）_____
① 超市　② 农贸市场　③ 街头小贩　④ 网购
⑤ 其他

3. 您在购买食品时是否会看生产日期、保质期或成分说明书？_____
① 每次都看　② 经常看　③ 有时会看　④ 看得较少
⑤ 完全不看

4. 您是否认为经国家食品质量安全认证的食品就是安全的？_____

① 非常相信   ② 比较相信   ③ 一般   ④ 比较不相信
⑤ 完全不相信

5. 您如何看待我国目前的食品安全问题？ _____

① 非常大的问题   ② 比较存在问题   ③ 一般   ④ 基本没有问题   ⑤ 完全没有问题

6. 您平常比较关心的食品安全问题有哪些？（可多选）

① 食品中药物含量超标   ② 食品中违规使用添加剂（如塑化剂,三聚氰胺）   ③ 非食用原料加工   ④ 食品生产与储存过程中的卫生情况   ⑤ 转基因食品的安全问题
⑥ 病肉,注水肉,含瘦肉精的猪肉等   ⑦ 非食用油(地沟油、泔水油、垃圾肉油等)流入餐桌   ⑧ 其他(请补充)_____

三、对转基因食品的认知

1. 在此次调查之前,您是否听说过转基因食品？ _____
① 是   ② 否

2. 我国允许种植的转基因产品只有抗病的木瓜和抗虫的棉花。我国允许进口的五种转基因产品有棉花、玉米、大豆、油菜、甜菜这五种,您怎么看？ _____

① 同意   ② 不同意   ③ 不知道

3. 您是否了解转基因食品？ _____

① 完全不了解   ② 比较不了解   ③ 一般   ④ 比较了

解　⑤非常了解

4. 您了解转基因食品的途径有哪些？（可多选）_____

①互联网　②报纸杂志书籍　③电视广播　④专家学者　⑤亲朋好友

5. 关于转基因信息的来源以下哪个组织机构是您比较信任的？_____

①政府　②环境组织　③科学家　④食品制造商

6. 您是否听说过同源转基因？_____

①是　②否

7. 你是否吃过转基因食品？_____

①是　②否　③不知道

8. 网上流传圣女果、大彩椒和小南瓜都是转基因食品，您怎么看？_____

①同意　②不同意　③不知道

9. 全球最广泛种植的转基因作物是什么？_____

①大豆　②玉米　③棉花　④油菜籽

四、对转基因食品的态度

1. 您认为转基因食品需要强制加贴标签吗？_____

①需要　②不需要　③无所谓

2. 您是否担心转基因食品的安全问题？_____

① 完全不担心 ② 比较不担心 ③ 一般 ④ 比较担心 ⑤ 非常担心

3. 您对转基因食品的前景有信心吗？_____

① 非常有信心 ② 比较有信心 ③ 一般 ④ 比较没信心 ⑤ 完全没信心

4. 世界卫生组织认为"目前在国际市场上可获得的转基因食品已通过安全性评估,并且可能不会对人类健康产生危险",您认同这一观点吗？_____

① 完全认同 ② 比较认同 ③ 一般 ④ 比较不认同 ⑤ 完全不认同

5. 欧盟认为,只控制转基因的产品是不足以保证转基因产品的安全性的,只有从源头控制,才能把转基因产品的危害控制在最小的范围内。您认同这一观点吗？_____

① 完全认同 ② 比较认同 ③ 一般 ④ 比较不认同 ⑤ 完全不认同

6. 美国食品和药品管理局明确规定:对来源于转基因作物的食品与来源与传统作物的食品在管理方法上完全相同,您支持这一观点吗？_____

① 完全认同 ② 比较认同 ③ 一般 ④ 比较不认同 ⑤ 完全不认同

7. 您在生活中是否会规避转基因食品？_____

① 是(转下一题) ② 否(转到第 8 题)

8. 您规避转基因食品的方式是？_____

① 完全不吃　② 少吃

9. 请判断下列说法是否正确（正确打"√"错误打"×"不知道画"○"）。

问　　题	判断
① 孩子的性别由父亲的基因决定	
② 西红柿中不含基因，转基因西红柿中含有基因	
③ 不可能把动物的基因转移到植物上	
④ 杂交水稻利用的就是转基因技术	

五、风险感知

根据您的真实意愿打勾（五分制，1—5 分分别代表"强烈不同意""比较不同意""同意""比较同意""非常同意"）。

强烈不同意→非常同意

问　　题	1	2	3	4	5
① 食品生产中基因改造可能会给我和我的家人带来风险					
② 国家对转基因食品安全的控制是足够的					
③ 食品生产中的基因改造可能会给人类带来新的疾病					
④ 转基因食品的推广会造成基因污染或环境污染					
⑤ 我担心转基因技术会破坏自然选择					
⑥ 食用转基因食品会有过敏反应					
⑦ 经常食用转基因食品，会对人类后代产生不确定的影响					

六、购买意愿

1. 您在购买食品时,是否会关注食品是转基因还是非转基因? _____

① 是 ② 否

2. 如果产品商标中标明有转基因成分,您会购买此类转基因食品吗? _____

① 愿意 ② 不愿意 ③ 不知道

3. 如果转基因食品价格相对更便宜,您会购买此类转基因食品吗? _____

① 会 ② 不会

4. 转基因食品价格便宜百分之_____您会购买?

5. 如果转基因食品具有更好的属性(如抗腐烂),您会购买此类转基因产品吗? _____

① 会 ② 不会 ③ 不知道

6. 在下列表格中打勾(根据您的真实意愿打勾,五分制,1—5分分别代表"强烈不同意""比较不同意""同意""比较同意""非常同意")。

强烈不同意→非常同意

问　　题	1	2	3	4	5
① 我愿意购买具有优良属性（如抗腐烂）的转基因食品					
② 食用转基因食品是安全的					
③ 转基因食品比较经济实惠					
④ 我愿意购买转基因食品					

七、接受程度

根据您的真实意愿打勾（五分制，1—5 分分别代表"强烈不同意""比较不同意""同意""比较同意""非常同意"）。

强烈不同意→非常同意

问　　题	1	2	3	4	5
① 您愿意接受转基因食品					
② 您会向其他人推荐转基因食品					
③ 您赞同我国大批量进口转基因食品					
④ 您支持发展转基因食品					

图书在版编目(CIP)数据

风险偏好、风险感知与转基因接受度研究/赵莉等
著.—上海:格致出版社:上海人民出版社,2022.1
ISBN 978 - 7 - 5432 - 3315 - 7

Ⅰ.①风… Ⅱ.①赵… Ⅲ.①转基因技术-研究
Ⅳ.①Q785

中国版本图书馆 CIP 数据核字(2021)第 259227 号

责任编辑 王浩淼
装帧设计 路　静

风险偏好、风险感知与转基因接受度研究

赵莉　古晓龙　顾海英　刘淑敏 著

出　　版　格致出版社
　　　　　上海人 氏 出 版 社
　　　　　(201101　上海市闵行区号景路 159 弄 C 座)
发　　行　上海人民出版社发行中心
印　　刷　上海商务联西印刷有限公司
开　　本　635×965　1/16
印　　张　7.75
插　　页　2
字　　数　100,000
版　　次　2022 年 1 月第 1 版
印　　次　2022 年 1 月第 1 次印刷
ISBN 978 - 7 - 5432 - 3315 - 7/F · 1420
定　　价　42.00 元